軟體架構指標

改善架構品質的案例研究

Software Architecture Metrics

Case Studies to Improve the Quality of Your Architecture

Christian Ciceri, Dave Farley, Neal Ford,
Andrew Harmel-Law, Michael Keeling,
Carola Lilienthal, João Rosa, Alexander von Zitzewitz,
Rene Weiss, and Eoin Woods 著

劉超群 譯

目錄

前言

軟體架構指標用於衡量軟體專案的可維護性和架構品質，並在開發過程初期提供有關架構或技術債務危險累積的警告。在本書中，10 位主要的實際實踐者（Christian Ciceri、David Farley、Neal Ford、Andrew Harmel-Law、Michael Keeling、Carola Lilienthal、João Rosa、Alexander von Zitzewitz、Rene Weiss 和 Eoin Woods）介紹了每個軟體架構師都應該了解的關鍵軟體架構指標。這 10 位架構師都發表過著名的軟體架構文章和書籍，也定期地參加國際活動，並舉辦實踐研討會。

雖然我們一直在力求理論和實踐的平衡；然而，這本包含了寶貴經驗和案例研究的書不是關於理論的；它是關於實踐和實作的、是關於已經嘗試過和已經奏效的。我們不只關注改善架構的品質，而且專注在以考慮到你自己的情況和所涉及權衡的方式，將客觀的指標與業務成果聯繫在一起。

我們進行了一項調查，發現對軟體架構指標資源有強烈的需求，但可用的資源卻很少。我們希望這本書能夠發揮作用，並幫助你設定正確的 KPI 並準確而有洞察力地測量結果。

我們感謝全球軟體架構峰會，是它讓我們重新聚集在一起，並讓我們有了一起編寫軟體架構指標書籍的想法。本書的所有章節與案例研究就如同作者本身般的不一樣：我們堅持要使用來自不同行業和挑戰的範例，以便每位讀者都能找到解決方案或靈感。

你將學到什麼？

讀完本書，你將了解如何：

- 衡量你的軟體架構在實現目標上有多好
- 引導你的架構朝向可測試性和可部署性邁進
- 確定軟體架構工作的優先順序
- 從可觀察性建立可預測性

- 確定軟體專案的關鍵 KPI
- 建立並自動化指標資訊看板
- 分析和衡量專案或過程的成就
- 建立目標驅動的軟體架構

誰應該讀這本書

本書由軟體架構師編寫，也是為軟體架構師而寫。如果你渴望探索成功的案例研究，並更加了解決策和測量有效性相關的內容，那無論你是在軟體開發公司內部工作還是作為獨立顧問，本書都適合你。

10 位作者都是經驗豐富的從業者，他們分享了他們的建議和智慧，提出了不同的觀點和想法。當你在不同的專案上工作時，你可能會發現某些章節與你的工作比其他章節更相關。你可能會經常使用這本書，或者你可能會使用它設定 KPI 一次，然後稍後再用它來指導和激勵新的團隊成員。

擁有正確的軟體架構指標和工具，可以使架構檢查更快、成本更低。它可以讓你在軟體專案的整個生命週期中執行檢查，從一開始就進行。指標還可以幫助你在每個衝刺中評估你的軟體架構，以確保它不會逐漸走向無法維護的情況。它們更可以幫助你比較架構，以挑選最適合你專案要求的架構。

本書編排慣例

本書中使用了以下編排慣例：

斜體字（*Italic*）

表示新的術語、URL、電子郵寄地址、檔案名稱和檔案副檔名。中文用楷體表示。

定寬字（`Constant width`）

用於程式列表，以及在段落中引用程式的元素，像是變數或函數名稱、資料庫、資料類型、環境變數、敘述和關鍵字等。

致謝

如果沒有作者、O'Reilly 編輯和 Apiumhub 的貢獻，這本書是不可能完成的，他們將我們所有人聚集在一起。我們還想對以下人士表示感謝：

- Apiumhub 行銷長 Ekaterina Novoseltseva，她負責管理本書寫作過程並與 O'Reilly 一起出版本書，而且還撰寫了前言
- O'Reilly 資深策劃編輯 Melissa Duffield，她照顧我們並使我們與 O'Reilly 的體驗順暢和愉快
- O'Reilly 開發編輯 Sarah Grey，她組織了書的內容並使本書更容易閱讀
- O'Reilly 製作團隊：Katherine Tozer、Adam Lawrence、Steve Fenton、Gregory Hyman 和 Kristen Brown，他們編輯和分銷本書

Christian Ciceri

我要感謝 Ekaterina Novoseltseva 和 Apiumhub（*https://apiumhub.com*）讓我有機會寫這本書，這一直是我的夢想。感謝全球軟體架構峰會（*https://gsas.io*），讓我能與所有這些推動我前進以及引發有趣討論的軟體架構師會面；讓我創新並實作新的軟體架構指標的 VYou 應用程式（*https://www.vyou-app.com/en*）；還要感謝我的貓，它總是在我身邊，在任何情況下都支持我。

Dave Farley

感謝 Apiumhub 和 O'Reilly 的人員完成將我和其他所有人組織起來的不可能任務，使這本書成為可能。

Neal Ford

感謝 Ekaterina 以及其他在 Apiumhub 的人，為實現這一目標所做的極度困難工作。感謝我的雇主 Thoughtworks 及它所有的員工，他們對技術領域的熱情和參與程度總是令我感到驚訝。最後也是永遠的，感謝我的妻子 Candy 忍受了這些讓我遠離她和我們小貓成長過程的所有寫作。

Andrew Harmel-Law

感謝我的妻子和孩子們對我的容忍，感謝我在 Thoughtworks 的同事們給我的激勵，讓我用這種方法得到合乎邏輯的結論。

如果我沒有機會在一個真正獲得並信任我的組織中將這一切付諸實踐，本章中的主張可能只有一半的理論。Open GI（*https://opengi.co.uk*）是英國和愛爾蘭保險業的專業 SaaS 供應商，感謝這個客戶中與我共事的每一個人。特別值得一提的是，我的共同開發者 / 同謀者 Pete Hunter，他立即理解了我們正在做的事情，堅持不移地支持它，不懈地改進它（因為我們在方法中的每一步都要配對），並教會了我很多關於如何讓它發揮作用的知識。

最後要感謝 Ekaterina 和 Apiumhub 邀請我參與，催促我，並回答我所有愚蠢的問題。

Michael Keeling

我誠摯地感謝 Anastas Stoyanovsky、Colin Dean、George Fairbanks、Joe Runde 和 Ricky Kotermanski，他們幫助審查了初期章節的草稿。此外，感謝我有幸與他們共事的所有現在和以前的同事。本書中的經驗報告只有勇於冒險並嘗試新想法的團隊才寫得出來。永遠不要停止尋找方法，讓你變得比現在更好！

Marie，我的女王，感謝妳幫助我勻出時間編寫像這樣的專案。謝謝你，Owen。謝謝妳，Finn！

Carola Lilienthal

我要感謝所有在我職業生涯中有幸共事的傑出科學家和計算機科學家。他們中有許多是我公司 WPS（工作場所解決方案）的同事，或是我在會議上遇到以及在講座和討論中學習的人。我還要感謝我的家人，當我在寫書或文章的時候，他們總是鼓勵和支持我。

João Rosa

如果沒有我妻子 Kary 的支持，我的任何專案都不可能實現。妳和我們美麗的小傢伙是我生活的中心，謝謝！特別要感謝 Xebia 在這段過程中對我的支持，分享知識是我們的 DNA。我還要感謝我們的技術審稿者 Ruth Malan、Anna Shipman、Steve Pereira 和 Nick Tune；要求我撰寫一章的 Apiumhub；以及 Fai Fung、Thijs Wesselink 和 Kenny Baas-Schwegler 審查了本章草稿的初期版本。最後我要對所有這裡沒有提到的人說聲抱歉：我的記憶力很差，我想不起你們所有的名字，但你們都以某種方式影響了我的職業生涯，我對此表示感謝。

Alexander von Zitzewitz

我要感謝我的妻子 Charmaine、我的兒子以及 hello2morrow 傑出的團隊，感謝他們一直支持我，並用智慧、好建議和許多耐心支持我的專案。沒有他們的持續支持，我在這本書上的工作和生活中其他的成就都是不可能的。

Rene Weiss

這對我來說是一件非常特別的事情，因為這是我對一本書的第一次貢獻。我能有機會與許多在我職業生涯中啟發我的人一起工作。我想在這裡介紹其中兩位，因為他們對我在軟體架構上實際的看法有重大影響。這兩位是來自 embarc（德國）的 Stefan Toth 和 Stefan Zörner，他們是傑出的軟體架構師、培訓師和教練。當我與他們一起工作的時候，我被引入了演進架構的想法，而這顆「種子」最終導致了本書章節中分享的想法。如果你有機會在會議上見到他們或拿到他們的書（目前只有德語版），我強烈地推薦你好好把握。

最後，我要感謝我的女朋友和搭檔 Anna；她一直支持我在職業生涯中的轉變和想法，如果沒有她，我就不會成為今天的我，謝謝妳。

Eoin Woods

我要感謝我的家人對我所有耗時的專業專案的持續支持。我還要感謝 Chris Cooper-Bland 和 Nick Rozanski 對我撰寫章節的初期版本，進行了廣泛而有深刻見解的審查，這讓我能夠顯著地改善它。我們的技術審稿人和 O'Reilly 的優秀團隊為本書的品質做出了巨大的貢獻，所以也感謝你們所有人。最後，感謝我在 Endava 的同事們，他們創造了這樣一個集體組織的工作場所，並不斷挑戰我「盡我所能」。

第一章

發揮 4 個關鍵指標

Andrew Harmel-Law

認為 Nicole Forsgren 博士、Jez Humble、和 Gene Kim 的開創性著作《*Accelerate*》（IT Revolution, 2018）是關於如何轉變你軟體交付性能的先決條件與最後測量的想法，是可以理解的，而這一切都是透過 4 個簡單且強而有力的關鍵指標測量。

我本身的轉換工作也是基於他們書中的許多建議進行，我當然對其中所有的內容都沒有異議。但是，我認為與其消除對更多細節的需求，不如進一步的討論和分析這本書，以便能夠分享經驗並聚集一群想要改善架構的實踐者。我希望本章對於這樣的討論能有所貢獻。

我看到，當以本章後面所描述的方式使用時，這 4 個關鍵指標——部署頻率、變更前置時間、變更失效率和恢復服務時間——會導致學習更有成效，並讓團隊理解對高品質、寬鬆耦合、可交付、可測試、可觀察和可維護架構的需求。有效的部署，這 4 個關鍵指標可以讓作為架構師的你放鬆對舵柄的控制。你可以使用這 4 個關鍵指標來與團隊成員溝通，並激發出想要超越自己改善整個軟體架構的願望，而不是只會發號施令和控制。你可以逐漸地邁向更為可測試的、連貫和內聚的、模組化的、容錯和雲端原生的、可執行和可觀察的架構。

在後續章節中，我將展示如何建立和執行你的 4 個關鍵指標，以及（更重要的是）你和你的軟體團隊能如何最好地使用這些指標來關注持續改善的工作並追蹤改善進度。我的重點是將 4 個關鍵指標心智模型的實際面向視覺化，尋求所需要的三個原始資料點，然後計算並顯示這 4 個指標。但是別擔心：我也將討論在生產中執行的架構好處。

定義和檢測設備

> 範式是系統的源泉。從它們那裡，從關於現實本質的共同社會協議中，產生系統目標和資訊流、回饋、庫存、流動以及其他與系統有關的一切。
>
> —Donella Meadows,《*Thinking in Systems: A Primer*》[1]

《*Accelerate*》基礎的心智模型導致了 4 個關鍵指標。我從這裡開始是因為當你閱讀本章時，要記住這個心智模型是必不可少的。在最簡單的形式下，這模型是一個活動的管道（或「流程」），每當開發人員將他的程式碼更改推送到版本控制時開始，而當這些更改被吸收到團隊正在處理的執行系統，即交付給使用者的執行服務時結束。這個心智模型顯示在圖 1-1。

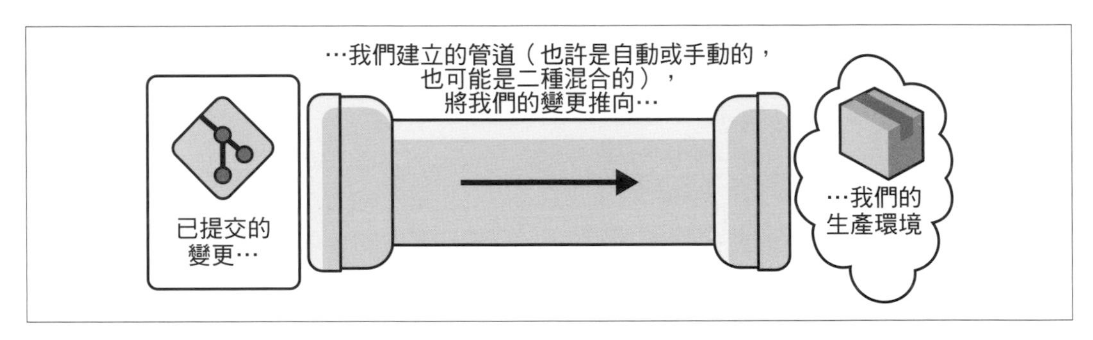

圖 1-1　4 個關鍵指標背後的基本心智模型

為了清楚起見，讓我們將這個模型中 4 個關鍵指標的測量具體化表示：

部署頻率

隨著時間的推移，從管道末端移出的單個變更的數量。這些變更可能是由「部署單元」：程式碼、配置或兩者的組合所組成，例如，包括有新的功能或錯誤修復。

變更的前置時間

開發人員完成的程式碼 / 配置變更，通過管道並從管道另一端移出所需要的時間。

綜合起來說，第一對是測量**開發的吞吐量**。這不應該與包括編寫程式碼時間的**精實週期時間**或**前置時間**混淆，這個測量甚至有時候在產品經理第一次提出新功能的想法時就開始計時。

1　Donella Meadows 所著的《*Thinking in Systems: A Primer*》，Diana Wright 編輯（Chelsea Green Publishing, 2008），第 162 頁。

變更失效率

在我們執行的服務中，從管道移出的變更導致失效的比例（「失效」的具體定義稍後會說明；現在，只需要將失效看成是阻止服務的使用者完成工作的事情）。

恢復服務的時間

在服務出現失效後，需要多長的時間才能意識到有失效，並對使用者提供恢復服務的修復[2]。

綜合起來說，第二對提供了**服務穩定性**的指示。

這 4 個關鍵指標的力量在於它們的組合。如果你改善了開發吞吐量的一個要素，但在過程中卻降低了服務的穩定性，那麼你的改善是處於不平衡的方式，將無法實現長期持續的利益。最根本的一點是，你要密切關注所有 4 個關鍵指標。實現可預測長期價值的轉變是那些可以**全面產生**積極影響的轉變。

現在我們已經清楚了指標的來源，我們可以透過將通用心智模型映射到實際交付的過程使事情更為複雜化。我將在下一節展示如何執行這種「心智重構」。

重構你的心智模型

針對你的情況定義每個指標相當重要。正如你很可能已經猜到的那樣，前兩個指標是以 CI 管道中發生的事情為基礎，而第二對指標則需要追蹤服務的中斷和恢復。

在執行這種心智重構時，應該仔細考慮它的範圍。你是否查看整個組織中所有軟體的所有變更？或者只是考慮你所工作程式中的那些？是包括了基礎架構的變更還是只觀察軟體和服務的變更？所有這些可能性都很好，但請記住：**你考慮的範圍對於這 4 個指標中的每一個都必須相同**。如果你在前置時間和部署頻率中包含基礎架構的變更，那也應該包括由基礎架構變更所引起的中斷。

第一個選擇是管道

你應該考慮哪些管道？你需要的是那些在目標範圍內監聽原始碼存儲庫中的程式碼和配置變更，執行各種不同的操作（例如編譯、自動化測試和封包等），並將結果部署到生產環境中。你不會想要進行包含像是資料庫備份之類事情的 C I 實作工作。

2 這不一定是程式碼修復。在這裡我們也考慮服務的恢復，因此像自動失效轉移這樣的東西可以完全地阻止時間流逝。

如果你只有一個由一個端到端管道提供服務的程式碼存儲庫（例如，存儲在 monorepo 的整體式架構，並在一組活動中直接部署到生產裡），那麼你在這裡的工作就很容易。這種模型如圖 1-2 所示。

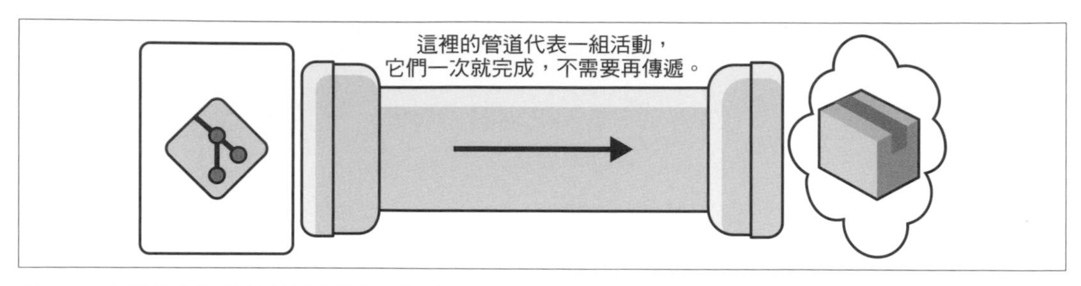

圖 1-2　你將發現這是最簡單的原始碼控制 / 管道 / 部署模型

不幸的是，雖然這與我們基本的心智模型完全相同，但很少在現實中看到這種情況。我們很可能必須對心智模型進行更廣泛的重構，以達到可以代表你情況的模型。

下一個最容易衡量也是我們第一個重要的心智重構，是這些端到端管道的集合，每個工件或存儲庫一個（例如，每個微服務一個），每個管道都做自己的工作，並且再次在生產中結束（圖 1-3）。例如，如果你使用 Azure DevOps，建構這些就很簡單 [3]。

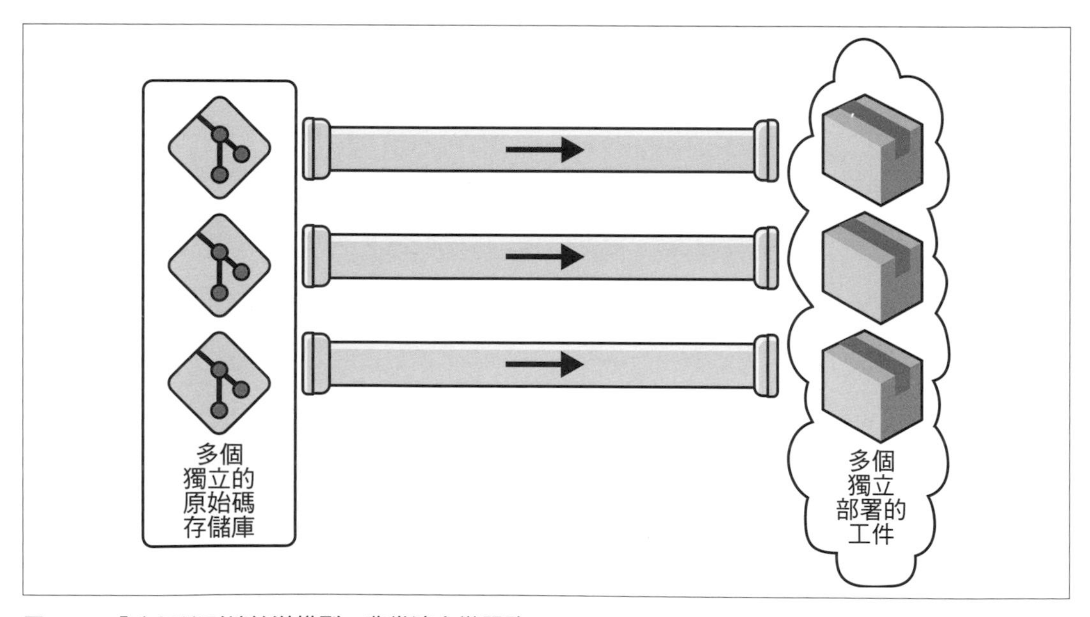

圖 1-3　「多個端到端管道模型」非常適合微服務

3　事實上，這是微軟希望你採用的模型。

前兩種管道形狀很可能與你的情況相似，但我猜測你的模型圖版本會稍微複雜一些，需要再進行一次重構才能拆分成一系列的子管道（圖 1-4）。讓我們考慮一個有三個這種子管道的範例，這個範例適合於端到端的將變更交付給生產。

也許第一個子管道會監聽對存儲庫的推送，並進行編譯、封包、以及單元和組件測試，然後發布到二進制的工件存儲庫。也許接下來是第二個獨立的子管道，它將這個新發布的工件部署到一或多個環境進行測試。可能還會有由像是 CAB 流程[4]所觸發的第三個子管道，最後將變更部署到生產中。

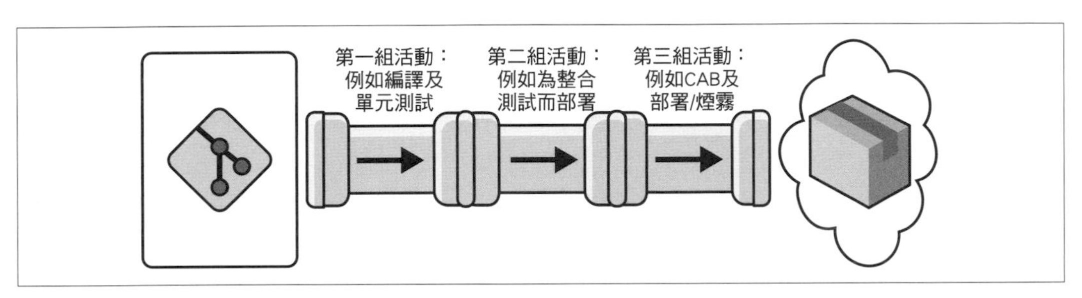

圖 1-4　我經常遇到的「由多個子管道組成的管道」模型

希望你已經確定了自己的情況。如果還沒有，還有第四種主要的管道模型，我們最後的心智重構步驟將提供我們：如圖 1-5 所示的多階段扇入管道。在這裡，我們通常會為第一階段尋找單獨的子管道，每個存儲庫一個，然後「扇入」到將變更帶到生產其餘部份的共享子管道或一組子管道。

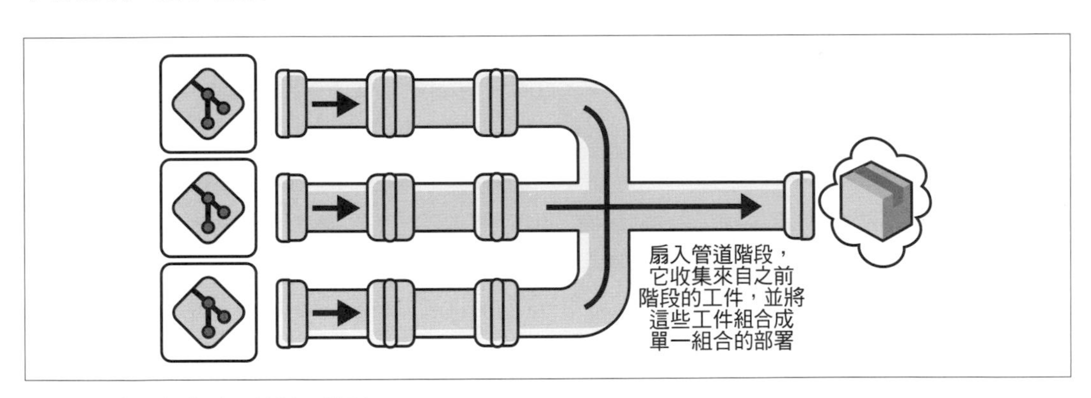

圖 1-5　多階段「扇入管道」模型

4 CAB 表示「變更諮詢委員會」。最著名的例子是定期開會核准由 Gene Kim、Kevin Behr、和 George Spafford 合著的經典著作《*The Phoenix Project*》（*https://oreil.ly/b5609*）（IT Revolution Press, 2018）中的程式碼和配置小組。

定位你的檢測點

除了有 4 個指標以外，我們還有 4 個檢測點。現在無論你採用哪種形式，讓我們在心智模型上定位這些檢測點。到目前為止，我們一直專注在管道上，因為它們通常會提供這些檢測點中的兩個：提交時間戳記和部署時間戳記。第三個和第四個檢測點則來自於當檢測到服務降級以及標記為「已解決」時所建立的時間戳記。我們現在可以詳細地討論每一個檢測點。

提交時間戳記

當你考慮團隊的工作實踐時，這裡不可避免地會出現一些微妙的情況。他們是依據功能分支嗎？他們是在做拉取的請求嗎？他們是否混合了不同的實踐？理想情況下（就如同《*Accelerate*》作者所建議的），只要任何開發人員的變更集被認為已經完成並被提交，就已經開始計時了，無論它是在哪裡。如果團隊正在這樣做，請注意：在分支上保留變更不僅會延長回饋的週期，也會增加工作的開銷和基礎架構要求（我將在下一節介紹這些內容）。

由於這種複雜性，有些人選擇使用從合併到主管道的觸發作為代理觸發點或提交時間戳記。我了解這聽起來像是在面對次優的實踐時承認失敗[5]，但是如果你選擇代理觸發，我知道你會有罪惡感（因為你知道你沒有遵循標準的最佳實踐）。無論我們是否包括額外的等待時間，即使你讓自己休息一下、並在程式碼進入主管道時開始你的初期取樣，這些指標都會帶來許多其他的好處。如果這些代理確實成為重要的交付次優化的來源時，《*Accelerate*》會為你提供一些建議（例如基於主幹的開發和結對程式設計）[6]，這些建議會透過使變更進入主管道的時間作為你再啟動計時器的時間，以影響你的提交時間戳記。到那時，你將開始看到指標的好處，並希望改善對它們的擷取。

部署時間戳記

隨著提交時間的結束，你會很高興聽到時鐘的「停止」要簡單得多：它是管道完成最終部署到生產的時間。這難道不是讓那些在事後進行手動煙霧測試的人休息一下嗎？確實如此，但我還是要把它留給你的良知，如果你真的想包括這個最後的活動，你總是可以在管道的末尾放置一個手動檢測點，一旦 QA（或檢查部署的人）對部署成功感到滿意，就會按下這檢測點。

---

5 特別是如果你有長期存在的分支或永無止境的拉取請求，但我打賭你無論如何都知道這些，而且它們也不難獨立出來量化。

6 有關基於主幹開發你想知道的所有資訊，請參考這個文件（*https://oreil.ly/L5cs0*）。有關結對程式設計的原始定義，請參考極限程式設計（*https://oreil.ly/pGAfY*）。

多階段和扇入管道引起的複雜性

鑑於這兩個資料來源，你可以計算出我們從管道中需要哪些資訊，那就是運行的總時間：從時鐘啟動到時鐘停止之間所經過的時間。如果你有我們之前討論過較為簡單的管道場景，就是那些沒有扇入的場景，那這就相對的容易了。那些擁有一個或多個端到端管道的執行總時間最容易做到這一點[7]。

如果你運氣不好並且有多個子管道（就如同圖 1-4 所看到的），那麼就需要對包括在「啟始」時間戳記和「部署」到生產中的變更集執行額外的資料收集。得到了這些資料，你可以進行一些處理以計算每個單獨變更的總運行時間。

如果你運行一個扇入的設計（如圖 1-5 所示），這種處理可能會涉及的更多。為什麼？就如你將在圖 1-6 中看到的，你將需要一種方法獲知變更部署編號 264 的來源（Repo A、Repo B 或 Repo C），以便得到變更的「啟始」時間戳記。如果你的部署聚集了許多變更，那麼你將需要單獨追蹤每個變更以獲得它的「啟始」時間。

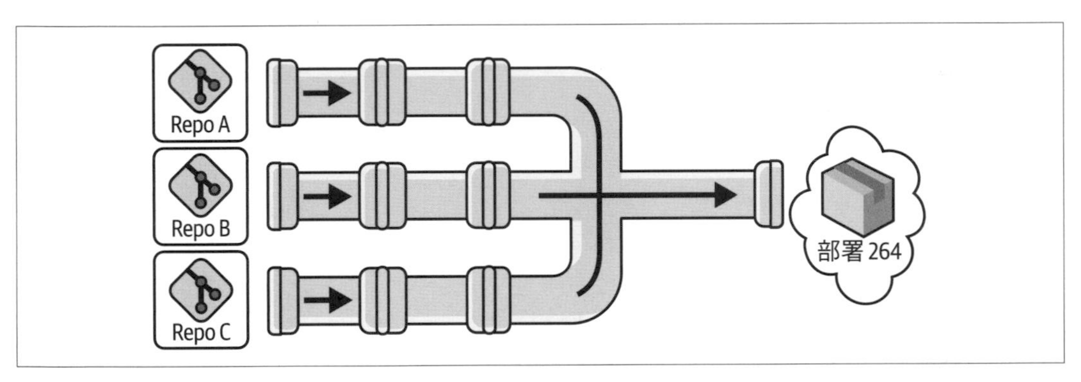

圖 1-6　在「扇入管道」模型的變體中定位資料收集點

顯然，在所有情況下，無論你的管道有多複雜，你都只想計算向使用者部署服務更新的建構。應確保你只測量這些[8]。

7　如果這讓你認為有多個獨立的管道（每個工件一個）是一個好主意，那恭喜你：你已經提醒自己微服務的關鍵原則之一——獨立部署性。如果這讓你喜歡整體式架構，那麼請記住微服務會帶來的其他好處，其中一些我們將在本章結尾處介紹。

8　有時候會出現這樣的問題：「基礎架構建構怎麼樣？」我已經看到那些包括在「4 個關鍵指標」的計算中，但如果它們不包括在內，我也不會感到懊惱。至於由時間而不是變更所觸發的管道如何呢？不要計算他們。它們不會造成部署，因為沒有任何的變更。

在我們繼續之前，關於從管道獲取資料還有最後一點要說明，那就是要計算哪個管道的運行？同樣地，《*Accelerate*》在這一點上並未明確的說明，但是你關心的只有成功的運行。如果一個建構開始但在編譯的步驟失敗了，這將使你的前置時間人為的偏向正值，因為你只是在混合中添加了一個非常快速的建構。如果你想玩遊戲（這 4 個關鍵指標的最大好處是它們不能玩遊戲，至少據我所知是不能），那麼你只需要提交許多你知道會崩潰的建構，最好是非常快的崩潰。

監測服務失效

雖然在管道周圍進行準確地量測相對簡單，但原始資訊的第三個和最後一個來源更容易解釋。

困難是出現在「生產失效」的定義上。如果出現了一個失效但是沒人發現，那這失效真的存在嗎？每當我使用這 4 個關鍵指標時，我對這問題的回答都是否定的。我將「生產失效」定義為任何使服務的顧客不能、甚至不願意繼續完成他們試圖執行工作的事情。外觀上的缺陷不能算是服務失效，但一個「工作系統」如果緩慢到使非典型的使用者流失，顯然是在經歷著服務失效。這裡面有一個判斷的成分，但沒關係：選擇一個讓你感到舒適的定義，並在你堅持的時候對自己誠實。

你現在需要記錄服務失效，這是我們的第三個和最後一個檢測點，一般是透過「變更失效」單據。開立這張單據提供你另一個時鐘的啟始時間資料點；關閉它會給你對應的結束時間。這個啟始和結束時間，加上單據的數量，是你需要的所有剩餘資料點。當服務恢復時應該關閉單據。這可能與解決中失效的根本原因不一致；但沒關係，我們談論的是服務穩定性。轉返以便你在線上並為客戶提供服務是可以接受的[9]。

但是如果你不在生產中呢？首先，你還沒有嘗試開始移向持續部署嗎？你真的應該這樣做。但其次，這個選項並不是所有人都能使用。它是次優的，但你仍然可以在這些情況下使用這 4 個關鍵指標。為了這樣做，你需要定義你的「最高環境」：最接近所有團隊交付生產的共享環境。它可能被稱為 SIT（用於系統整合）、前產品或分段傳遞。關鍵是當你接受你的變更時，你相信不需要進行更多的工作以在最後一步驟將變更帶到生產。

鑒於所有這些考慮，你需要像對待生產一樣對待這個「最高環境」。將測試人員和合作的團隊視為你的「使用者」。他們可以定義服務失效，像對待真正的失效一樣認真對待測試失效。將這個環境假裝是生產環境並不完美，但這總比沒有好。

9 同樣地，有人會指出，單據開出的時間與服務首次出現失效的時間不同。確實是如此；也許你會想將你的監測與這些單據的建立聯繫在一起來解決這個問題。如果你有辦法，那恭喜你：你可能正處於 4 個關鍵指標所採用的「微調」端。大多數人，至少在他們開始的時候，都只能夢想這種準確性，因此，考慮到這一點，如果你是從手動單據開始，那這樣就足夠了。

擷取和計算

系統建模者說，我們透過建構系統的模型來改變範式，這會將我們置身於系統之外並迫使我們看到整體。

—Donella Meadows,《*Thinking in Systems*》[10]

現在你有了定義，可以開始擷取和計算了。雖然可以將這個擷取過程自動化，但用手動執行也是完全可以接受的[11]。事實上，每次我推出 4 個關鍵指標的時候，我都是從這裡開始，而且經常不僅僅是為了我們的最初基線。你將會明白為什麼可以用手動擷取和計算。

擷取指標可以是一項簡單或複雜的工作，這取決於管道的性質。無論如何，4 個關鍵指標將使用來自 4 個檢測點的 4 組資料來計算：成功的變更部署計數、每個變更運行管道的總時間、變更失效單據的計數、以及開立變更失效單據的時間長度。只有這些擷取的資料集還不足以獲得你的指標；你仍然需要計算，所以讓我們依次看看其中的每一項：

部署頻率

這是一個頻率，而不是計數，因此你需要有在**給定的時間週期內**成功部署的總數（我發現一天就很好了）。如果你有多個管道，無論你是否有扇入，你都需要將所有管道的部署次數加總起來。

有了這些資料，以及每天的記錄和匯總（記住要包括沒有部署日子的「零」總和），很容易就得到你的第一個標題指標。使用最新的每日數據或過去 24 小時的數據（根據我的經驗），會受到太多的波動影響。最好是顯示較長時間週期內的平均值，像是過去 31 天的平均值。

變更的前置時間

這是觸發啟始的任何單一變更的經過時間。這可能會有波動，因此不要只報告最近部署中的最新資料。如果你有多個（包括扇入）管道，這種波動會更大，因為有些建構會因為阻塞而執行得比其他建構快很多。你會想要一些更穩定的東西來反映整體情況，而不是最新的異常值。因此，我通常會測量每個單獨的前置時間，並且計算一天內這些的平均值。要報告的數值是過去 31 天內所有前置時間測量值的平均[12]。

10 Meadows，第 163 頁。

11 確保你對自己是誠實的：收集你應該做的所有建構，不要挑選。也試著讓你的數值盡可能準確，如果你是用猜的，也應估計你的準確程度如何。

12 記住！你不能在不引入問題的情況下得到一個平均值，所以最好是避免它。我們每天做總計，因此我們在我們指標的後面可以有一個很好、很漂亮的圖表，我們稍後會介紹它。

變更失效率

這是已解決的變更失效單據的比例，特別是導致失效的部署數量占同一週期部署總數的比例。例如，如果你一天內進行了 36 次部署，並且在同一天解決了 2 次的變更失效，這意味著你當天的變更失效率為 2/36，即 5.55555556%。

要獲得你報告的指標，查看同一時間週期內的這個比率：前 31 天。這意味著你將過去 31 天內恢復的失效數量加總，然後除以同一週期的部署總數。

你會注意到這裡有一個出於信念而大膽的舉動。我們假設失效是不同的，而且單一的失效是由單一部署所引起的。為什麼？因為根據我的經驗，很難將失效與單一建構聯繫起來，而且在絕大多數的事件中，這兩個假設都是成立的，至少是足夠讓它們值得損失些保真度。如果你能在這方面變得更聰明，那恭喜你！

眼尖的人還會注意到，我們只談到**已經解決**的失效。為什麼我們不包括仍然存在的失效？這是因為我們希望所有 4 個指標的一致性，也因為恢復服務的時間只能考慮已經解決的失效[13]。如果我們不能為一件事計算尚未解決的失效，我們就不想為另一件事計算它們。但是不要擔心：我們仍然有尚未解決失效的資料，而且我們不會隱藏這一點，就如你將在後續章節中看到的那樣。

恢復服務的時間

這是變更失效單據從建立到關閉所需的時間。《*Accelerate*》的作者稱這是**恢復服務的平均時間**，雖然在早期的《*State of DevOps*》報告中，它只稱為**恢復的時間**，而在 Google *Four Keys* 專案的 *METRICS.md*（*https://oreil.ly/VlSgn*）文件中稱為**恢復的中位時間**。我則同時使用了**平均值**和**中位數**；平均值對異常值很敏感，有時候這正是你在學習時想要看到的。

平均值和中位數都很容易可以透過變更失效單據的解決時間資料輕鬆計算得到。無論哪種方式，你都要在資料的範圍內選擇你的輸入。我通常會使用過去的 120 天。取出所有在這個週期內所有失效的解決時間，計算它們的平均值，並針對這個指標提出報告。

這可能會是另一個出於信念而大膽的舉動：當你手動提出變更失效時，可能會透過將單據開立時間延遲到立即發現點之後而扭曲了這些數值。老實說，即使人們有最好的意圖，也會發生扭曲。然而，你仍然可以得到足夠好的資料，以保持對事情的關注並推動改善。

---

13 遺憾的是，因為未解決的失效沒有「已經解決」的時間戳記。

無論你如何擷取用於這些計算的資料，都要確保這一切都是公開進行的。首先，應鼓勵開發團隊閱讀這 4 個關鍵指標，你的努力應該沒有什麼秘密。

第二，提供所有原始的資料和計算結果，以及計算出的重要數據；這在以後會變得很重要。

第三，確保你具體應用於每個指標的定義，以及你如何處理這些與資料本身一起提供的定義。這種透明度將加深理解並提高參與度[14]。

注意這個存取問題（存取資料、計算和視覺化），因為如果你的 4 個關鍵指標沒有與大家共享，那麼你就錯過了它們最大的優勢。

展示與理解

> *[那麼]你如何改變範式呢？... 你不斷地在指出舊範式中的異常和失效。你持續地用語言和行為強調並保證新的範式。*
>
> —Donella Meadows,《*Thinking in Systems*》[15]

每當我部署這 4 個關鍵指標，我通常都會從一個最小可行的資訊看板（MVD）開始[16]，這是 wiki 頁面的一個重要名稱，包含了以下內容：

- 4 個關鍵指標中每一個的目前計算值
- 每個指標的定義，以及我們計算它們所採用的時間週期
- 資料的歷史值

我還標記了資料來源，因此每個人都可以參與它們。

目標對象

指標，就像所有統計數據一樣，描述了一個故事，而故事會有聽眾。誰是這 4 個關鍵指標的目標對象呢？主要是交付軟體的團隊，也就是希望看到指標得到改善，而會實際進行變更的人。

14 如果你弄錯了，它甚至可能會給你一些關於你計算的錯誤報告——我最好的一些圍繞在 4 個關鍵指標的學習是透過這種方式獲得的。

15 Meadows，第 163 頁。

16 為 Matthew Skelton 和 Manuel Pais「最小可行平台」的想法表示支持，這給了他們靈感。

因此，你要確保無論你選擇以何種方式展示事物，它都必須放在這些個人和團體主要容易存取的地方。「容易」這點很重要。需要非常容易地看到這些指標，並深入研究它們且通常會挖掘出更多那些對他們擁有服務特定的資料點。

這 4 個關鍵指標還有其他的對象，但這些都屬於次要的。次要的對象可能是高級管理人員或執行管理人員。他們可以看到這些指標，但這些指標需要被包起來而且是唯讀的。如果執行管理人員想要知道更多的細節，那麼他們會到團隊那裡弄清楚，而這正是你希望發生的。

理想情況下，一旦你的 MVD 啟動，你就可以開始自動化的收集和計算工作。在我寫這篇文章的時候，已經有多種不同選擇。也許你最終會使用 Google 的 Four Keys（*https://oreil.ly/BPRaw*）、Thoughtworks 的 Metrik（*https://oreil.ly/1EDTb*）或像是 Azure DevOps（*https://oreil.ly/vMSBR*）等各種平台的擴展。雖然我確信這些都適合我們的目的，但沒用過其中的任何一個，我將分享我手動捲包經驗的好處，希望它能幫助你評估你是否想使用某些成品、或投入時間和精力自己打造一些產品。

視覺化

一項自己打造的努力造就了我曾經用過功能最齊全的資訊看板。它是用微軟的 PowerBI 建構的（因為客戶端都使用 Azure DevOps）。在經過對一系列與日期和時間的角力之後，我們擷取了原始資料，進行了計算，並著手建立圖表和其他視覺顯示的元素。

部署頻率

對於這些資料，我們選擇了長條圖（圖 1-7），以日期為 x 軸，部署次數為 y 軸。每個長條形表示當天的總數，我們將關鍵的統計數據提取到匯總中。

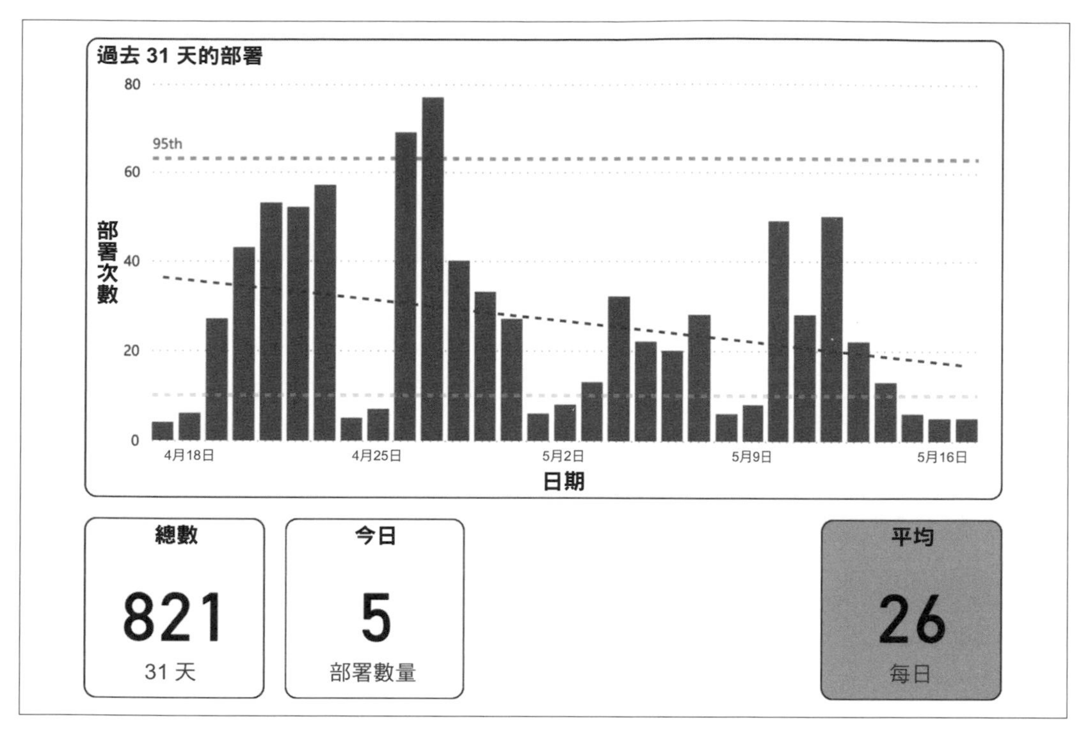

圖 1-7　部署頻率；右下角的方框表示「DORA Elite」（DevOps 研究和評估）軟體交付性能的等級

每天的平均部署次數顯示了部署頻率的關鍵指標，我們在關鍵指標中用綠色強調，以表示 Accelerate Elite Low 軟體交付性能量表上的「Elite」[17]。為了提高透明度，我們也顯示了當天的部署次數和所繪製週期（31 天）的總部署數。最後，我們將平均值、第 95 位數和整體資料趨勢用虛線繪製在圖表上。

變更前置時間

圖 1-8 的長條圖顯示了我們變更資料的前置時間，同樣的 x 軸為日期，現在長條在 y 軸的值為給定日期前置時間的平均值。

17 參考《*Accelerate*》書中圖 2-2 和 2-3，以及最近的 DORA《*State of DevOps*》報告中更多的最新表格（*https://oreil.ly/IetZp*）。

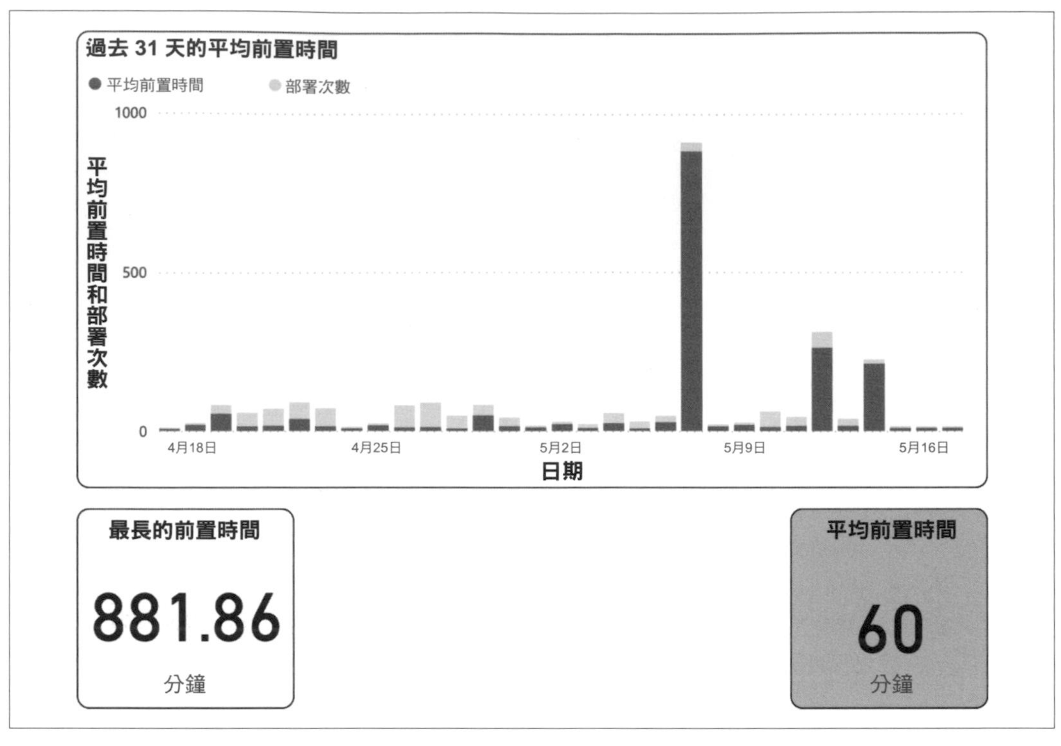

圖 1-8　變更的前置時間；右下角的方框表示在 Accelerate 評量表上軟體交付性能的「DORA High」等級

和以前一樣，我們突顯了圖上的關鍵指標，這裡是所顯示週期前置時間的平均值，並在我們的關鍵指標中突顯以表示 Elite-Low 性能量表上的「Low」。我們還發現突顯我們最長的個別前置時間很有用（參考左下角的方框）[18]。

我們意識到一直在問：「那天我們做了很多部署嗎？」我們沒有添加更多的趨勢線，而是將部署數量以陰影方式（淺灰色）和前置時間繪製在一起。

變更失效率

圖 1-9 顯示變更失效率的另一個長條圖，但這個指標呈現的方式完全不同。從 y 軸可以看出，在給定的 24 小時內，我們通常會有零個或一個失效[19]。因此，當我們遇到問題時非常清楚。

18 我們有一個受到阻礙的建構，這不難發現。我們也使用了「average」而不是「mean」這個平均，來使它更平易近人。

19 有時候我們會看到多次失效，但這是非常的不尋常。

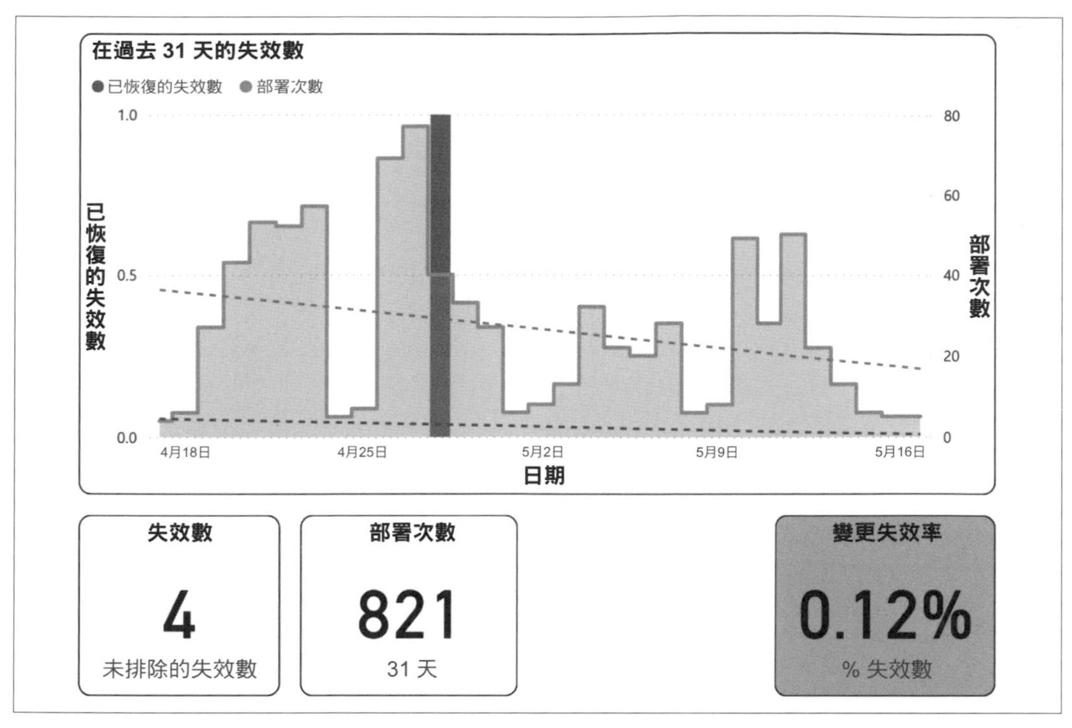

圖 1-9　變更失效率；右下角的方框表示在 Accelerate 評量表上軟體交付性能的「DORA Elite」等級

在此之上的一切都是背景。將部署數量一起繪出讓我們可以快速回答這個問題：「這可能是由於當天有大量部署活動而造成的嗎？」

最後，像往常一樣，在底部可以看到我們的關鍵指標：失效次數佔這個週期內部署總次數的百分比。伴隨這一點的是其他一些重要的統計數據：尚未排除的失效數量和顯示時間週期內的部署總次數。

恢復服務的時間

最後一個指標，恢復服務時間的呈現是我們花了最多時間來適應的指標——但一旦我們了解並穩定了我們的部署頻率和前置時間，這個指標就成為我們主要的焦點[20]。同樣地，我們又有一個時間序列長條圖（圖 1-10），但現在繪製的時間尺度比其他時間尺度更長（120 天，這是為了得到更好的背景），以便我們可以比較我們是如何針對一個應該具有較少資料點的指標上進行改善。同樣地，我們也同時繪製了變更的前置時間，以提供一些背景訊息。

20 根據經驗，我願意打賭這也將成為你的焦點。

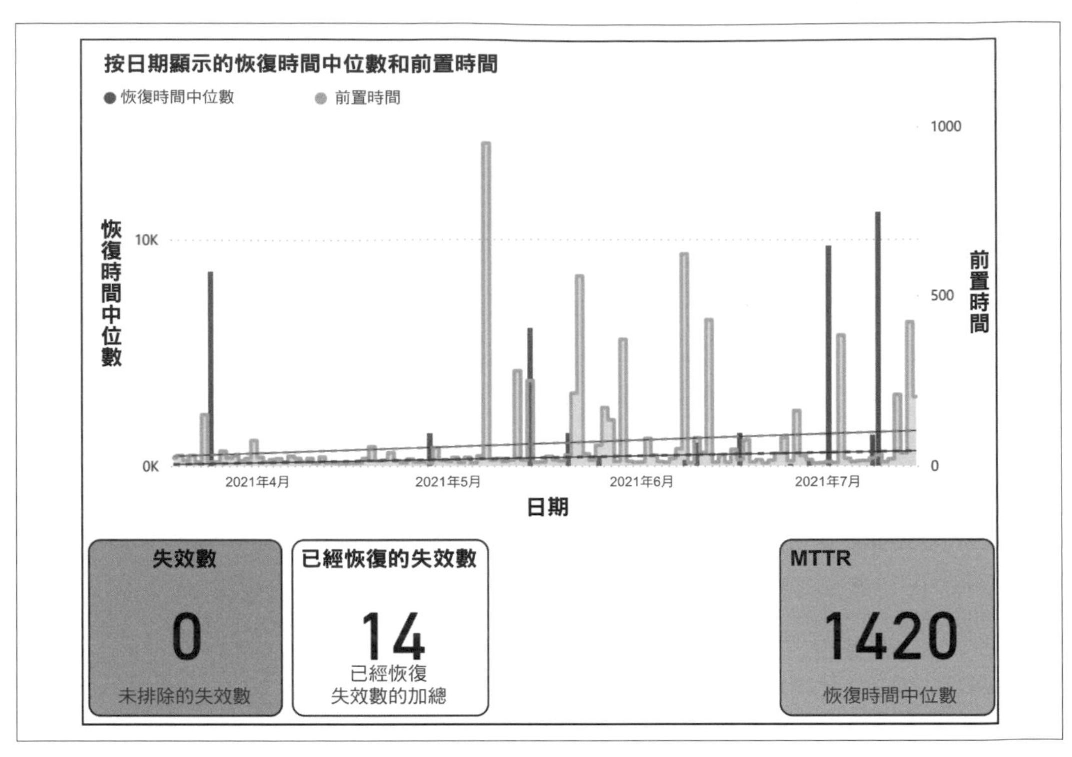

圖 1-10　恢復服務的時間；左下角的方框表示零個未排除的失效——不是 DORA 指標，但很重要應該知道——右下角的方框表示軟體交付性能的「DORA High」等級

最後，像往常一樣，在右下角你可以看到我們的關鍵指標：在給定的週期內恢復失效所有恢復時間的中位數。伴隨這個的是其他關鍵統計數據：在顯示的時間週期內未排除的失效數量和恢復的失效總數。

首頁

我們還沒有完成。我們的 PowerBI 報告還有一個「4 個關鍵指標」首頁，其中包括來自每個單獨統計頁面的關鍵指標數值，以及部署頻率和前置時間的圖表。它的目的是讓看的人即時、快速、準確地了解統計數據。隨著我們關注點的改變，我們也可能會推廣其他圖表。

就如同我所建議的，我們現在可以釋放這 4 個關鍵指標的真正力量。讓團隊接觸並確保他們理解這些指標，和支撐它們的模型和系統，是你能獲得它們真正利益最重要的事。這讓他們能夠討論、理解、擁有和改善你所交付的軟體。

討論與理解

> 在範式變更的過程中，沒有什麼實體的、昂貴的甚至是緩慢的。在單一個體上，它可以在一毫秒內發生，所需要的只是頭腦中一下靈光、頓時恍然大悟、以及一種新的觀察方式。
>
> —Donella Meadows,《*Thinking in Systems*》[21]

我們如何得到這些視覺化、額外的細節和特定的時間週期？我們進行了迭代，並依據需要進行了補充和改善。

每週我們都會集體討論即將到來的高峰期和架構決策記錄（ADRs）[22]，並查看 4 個關鍵指標。早期，討論是關於每個指標的含義。隨後幾週的討論則集中在為什麼這些數值會出現在那個位置（例如，數值是否太大或太小，是否缺少資料等），然後如何改善它們。緩慢但肯定地，團隊成員習慣了 4 個關鍵指標的心智模型。讓團隊即時自助服務他們的資料，並只查看來自管道中的資料（PowerBI 資訊看板使這兩件事變得容易），這非常有幫助。增加趨勢線也是如此，我們很快就能夠看到比預設 31 天更長的時間尺度。

我對這些集中、開明和跨職能討論的價值感到驚訝。作為一名架構師，這些問題和議題以前只能由我自己發現、理解、分析和補救。現在，可以由這些團隊發起並推動解決方案。

所有權和改善

每當團隊開始獲得所有權時，我都一次又一次地見證了以下情況。首先是最簡單的要求，也就是使流程和工作方式現代化的要求：「我們可以改變發布的節奏嗎？」接下來，團隊開始更關心品質：「讓我們把測試拉到左邊」和「讓我們增加更多的自動化。」[23] 然後是改變團隊構成的要求：「我們能夠移向跨職能（或串流對齊）的團隊嗎？」

總是會有需要學習的權衡、失效和經驗教訓，但**變更會自己推動**。當你更關注和更理解**端到端**視圖的好處時，你會發現自己正在修改和調整自己的關注點和解決方案。

---

21 Meadows，第 163 頁。

22 ADR 一詞最初是由 Michael Nygard 想出來的。

23 這讓 QA 和運營部門非常高興。我經常看到 QA 像我作為架構師一樣的使用這 4 個關鍵指標來推動變更。

所有這些變更很快的都在一個地方結束：它們揭示了架構問題。也許這些問題在白板的設計中就已經存在。也許在白板上的設計很好，但最後在生產中的實現卻不好。無論是哪種情況，你都有需要解決的問題。其中一些事情包括耦合不像你想像的那麼鬆散；領域邊界不像最初出現時那麼清晰；框架阻礙了團隊而不是幫助團隊；模組和基礎架構可能不像你希望的那樣容易測試；或微服務在實際流量下運行時無法觀察。這些都是作為負責任架構師的你通常必須處理的問題。

結論

現在你面臨一個選擇。你可以繼續孤軍奮鬥，將手保持在舵柄上，盡你所能的獨自指揮這艘架構之船。或者你可以在你的團隊中善用這種成熟技術。你可以將手從舵柄上移開，也許一開始是逐漸的，並用這 4 個關鍵指標開啟的對話和動力慢慢朝向你的共同目標邁進：更可測試、解耦合、容錯、雲端原生、可運行和可觀察的架構。

這就是將 4 個關鍵指標置於最有價值的架構指標的原因。我希望你能和你的夥伴一起用它們交付出你所見過最好的架構。

第二章

適應度函數測試金字塔：架構測試和指標的比喻

Rene Weiss

一個從進化計算中借用的概念，適應度函數是一種簡潔的方法，也可用於定義軟體系統的指標。本章將向你展示，無論你目前是在建構新的系統還是在改善現有系統，適應度函數如何幫助定義為你的系統量身訂做的指標，並用它們來改善你系統的架構。適應度函數和指標與測試金字塔概念的結合，可以幫助你定義、優先考慮和平衡你的指標，並使你能夠衡量實現目標的進度。

適應度函數和指標

在 Neal Ford、Rebecca Parsons 和 Patrick Kua 所著的《*Building Evolutionary Architectures*》書中，他們將適應度函數定義為「用於總結預期設計解決方案與實現設定目標接近程度的目標函數。[1]」這樣的函數通常會輸出離散的數值，這是你試圖達成或改善的指標。為了知道你是否已經達到目標，你需要有一個測試或驗證機制來測量所需的指標。理想情況下，你會希望這機制是自動的，但這不是適應度函數的要求！

我喜歡使用適應度函數來建立目標指標的概念，因為它們非常靈活。你也可以用適應度函數來描述和整合典型的指標（如程式碼覆蓋率或像循環複雜性這種程式碼結構指標）[2]，但它們的開放性讓你可以依據你系統和背景量身訂做架構指標。

1 Ford、Parsons 和 Kua 所著的 *Building Evolutionary Architectures*》（O'Reilly, 2017），第 1 章（*https://oreil.ly/tWGOM*）。繁體中文版《建立演進式系統架構｜支援常態性的變更》由碁峰資訊出版。

2 循環複雜性是一種廣泛使用的程式碼指標，通常用靜態程式碼分析工具得出。它是由 Thomas J. McCabe 在 1976 年開發的。高數值表示程式碼很難理解並可能很難更改。

圖 2-1 顯示的概念圖說明了適應度函數和目標指標之間的關係。適應度函數定義了目標指標並描述了相關的背景，我將它稱為**適應度函數背景**。這可能包括有關影響測試的環境、定義和限制的額外訊息；我將把這些分成某些類別並在稍後更詳細地描述它們。

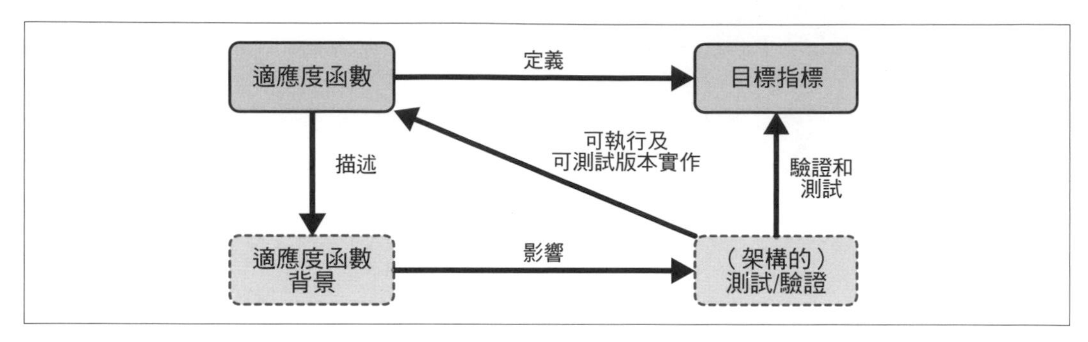

圖 2-1　適應度函數概念圖

架構測試產生目標指標。這類測試經常也會直接驗證所建立的指標是否高於（或低於）某個閾值。通常，這些測試是自動化的，並作為持續整合（CI）工作流程的一部分執行。有些甚至可以在沒有特定觸發的情況下連續運行和驗證。我使用**架構測試**和**架構驗證**術語來明確地將它們與功能測試區分出來。例如，功能測試可能會檢視它是否能在系統中正確建立新的客戶；而架構測試可能會檢視它是否能在實現架構或定性目標的同時建立 10 個客戶。例如，這個場景中的架構測試為建立這 10 個客戶的速度建立了一個指標，並驗證是否在 10 毫秒內。

適應度函數、它的背景和實際的目標指標是密切相關的，我們在**設計時期**定義了這三個。架構測試是在這之後建立的，並不是適應度函數和它指標定義的一部分。

如果架構測試是我強烈推薦的自動化，那麼在它實施之後，指標將自動建立。你可能需要更改系統或架構中的某些內容，評估新的工具和框架，並在實施測試時在「工程」方面發揮創造力。這一切都是在你定義了目標和指標後完成的。如何以及何時定義適應度函數和實施架構測試是第 37 頁的「開發你的適應度函數和指標」的一部分。

簡而言之，適應度函數就是你對「好」的定義。讓我們看一些例子。

適應度函數：測試覆蓋率

在這個假設的系統中，保持單元測試覆蓋率在 90% 的閾值以上是至關重要的[3]。自動化整合測試的目標是 50% 以上的程式行覆蓋率。讓我們看看將這兩個目標描述為具有背景的適應度函數是什麼樣子（範例 2-1 和 2-2）。

範例 *2-1*　適應度函數

```
單元測試覆蓋率 > 0.9；
在每個 CI 建構上執行；當低於目標覆蓋率時失敗
```

範例 *2-2*　適應度函數

```
整合測試覆蓋率 > 0.5；
在每個夜間整合測試建構上執行；
當低於目標覆蓋率時失敗
```

就如你從這些簡單範例中可以看到的，適應度函數定義了需要滿足的目標指標（測試覆蓋率）、與指標相關的背景（要執行的測試種類和何時執行）、以及自動驗證指標所需要額外的背景訊息。

實際的實現（像是測量執行測試期間覆蓋的程式碼，如範例 2-1 中所描述的；或是如範例 2-2 建置特定的測試環境、執行測試和驗證結果）是實施架構測試的一部分。

適應度函數：具網絡延遲的整合測試

你在測試的系統正使用 REST/JSON API 與第三方系統的整合。如果這個 API 很慢或沒有反應，你自己系統的穩定性和性能將會下降，因此你需要驗證你的系統是否能正確處理這類事件並按預期的執行。以下是適應度函數可能的樣子（範例 2-3）。

範例 *2-3*　適應度函數

```
整合測試錯誤 = 0%（第三方 API 呼叫網絡延遲為 10 秒時）；
在每個夜間整合測試建構上執行；當整合測試失敗時失敗
```

3　**測試覆蓋率**是軟體開發中的一個術語，用於測量某組測試覆蓋了多少原始程式碼的程度。例如，在執行自動化測試時測量已經接觸到（「測試」）的程式碼行數（「程式行覆蓋率」）是很常見的。還有其他的測量方法（如分支覆蓋率），但為了能更簡單的解釋，我堅持使用程式行覆蓋率：如果一個有 100 行程式碼的測試覆蓋率為 80%，則該程式碼的 80 行已經被執行測試了。

在這個例子中，適應度函數的部分可能不像前兩個例子那樣明顯。要滿足的指標是 0% 的測試錯誤（沒有錯誤），當執行整合時，模擬對第三方 API 的呼叫有 10 秒網絡延遲的背景。

實際的測試實現負責設置環境，模擬對第三方 API 的呼叫有 10 秒的網絡延遲，於晚上執行整合測試建構，然後因這些整合測試所引發的任何錯誤而失敗。

範例 2-3 的一個變體是將相同的背景與一個額外的指標結合起來，像是我們系統的整體吞吐量，同時具有 10 秒的網絡延遲，從而測試某種回退機制是否有效（範例 2- 4）。

範例 2-4　適應度函數

```
整合測試錯誤 = 0%（第三方 API 呼叫網絡延遲為 10 秒時）;
在每個夜間整合測試建構上執行；當整合測試失敗時失敗；
測試執行期間 > 10 分鐘時失敗（標準執行時間，在無網絡延遲時需低於 5 分鐘）
```

對於這種變化，我增加了一個額外的指標：還應該滿足某個性能目標。假如背景再次指定 10 秒的網絡延遲，我們驗證我們系統的回退機制有效，且整個系統仍然在特定時間範圍內執行（與標準網絡延遲相比，最多可以執行兩倍）。

適應度函數類別介紹

適應度函數跨越許多的類別（我也喜歡稱這些為*維度*，並在本章中同義地使用這兩個術語）。對我來說，這些維度應該指引開發人員為他們的軟體系統定義最有用的適應度函數。適應度函數總是存在於這裡呈現的維度組合中；但請注意，並不是這些類別所有的隨機組合都可能或有意義的。

Ford、Parsons 和 Kua 提供了關於這些類別非常好的描述性清單，其中大部分我將在這裡重複使用。我還用我認為重要的其他類別來擴展他們的清單。

當你建立和定義適應度函數和目標指標，以及隨後實施建立和驗證目標指標的最終測試時，用這些維度作為指導和輸入以考慮所有相關面向是個好主意。你可以將維度作為目錄，在那裡為你的系統和背景挑選正確的組合（稍後我將提出簡要的概述）。與軟體開發中的常用做法一樣，只使用那些能夠為團隊或和他們合作的團隊提供具體訊息、方向和意義的類別。

接下來，我們將看一下我認為是強制性的六個類別，然後是四個我認為是可選的類別。

強制性適應度函數類別

以下六個類別對我來說是強制性的，因為使用這些類別對於軟體開發工作總是有意義的。因此，如果你在適應度函數的開發過程中沒有考慮到它們，那麼指標和它的測試將導致一個不理想的定義，即缺少某些重要方面的適應度函數定義。

回饋是原子的還是整體的？

在測試建立指標時涉及了多少系統？在現實世界中，這個類別更像是一個連續體而不是二元體，但為了容易理解，我們將這個連續體的兩端視為兩個不同的類別。

原子的適應度函數只驗證系統的部分或有限的面向。因此，一個肯定驗證並不一定提供關於整個系統性能的回饋——只是系統的有限部分。典型的例子包括執行靜態程式碼分析，像是測量循環複雜性作為可維護性的指示，或測量單元測試的覆蓋率作為可維護性和可測試性的指示。

另一方面，**整體**適應度函數提供了更廣泛的回饋。來自整體適應度函數的肯定驗證意味著系統的大部分都按預期執行，且終端使用者可以按預期的使用系統。整體的函數往往更難建立和維護。

什麼觸發了測試的執行？

除了手動執行測試之外，你通常會開發被某種觸發自動執行的測試，像是由開發人員的操作或排定測試執行時程（例如，每晚）執行的 CI 工作流程。相較之下，連續適應度函數是連續評估的，與開發活動無關（例如不斷驗證指標及它們的閾值）。連續回饋通常與在生產環境中執行的實際測量，以及在系統運行時收集的指標評估有關聯。在連續類別中的適應度函數通常也在系統監控（工具）的技術領域內；例如，監控某個服務的反應時間可以是這樣的適應度函數。

在哪裡執行測試？

相關的測試是在測試系統中還是在生產中執行？另一種選擇是在連續整合 / 連續交付（CI/CD）管道中執行測試（例如，直接在 CI/CD 系統的主機上測量單元測試程式碼覆蓋率）。這個函數可以在測試系統中進行評估（像是性能或負載測試）。在某些情況下，測試甚至可以直接從生產系統中得到。這些類別可能會有重疊：例如，如果性能測試正在測試環境中執行，而 CI/CD 管道也開始執行了測試。這個類別決定了在哪裡執行測試、是否需要額外的硬體、以及測試是否會影響正在運行的生產系統。

指標類型

指標類型是一個相當明顯的考慮。架構測試會產生什麼樣的數值？它只是一個真 / 假的敘述（「所有測試都是綠色的」），或是產生了一個數值？此外，你應該考慮產生的指標是否會在時間序列中儲存和視覺化，其中時間序列提供有價值的輸出。

自動與手動

手動執行一些測試可能很有用；這常出現在當自動化執行測試時需要太多的工作、成本太高或只是不可行的情況下會用手動執行。例如，對法律要求的測試可以表示為一個適應度函數，但將它自動化是沒有意義的[4]。但是，通常軟體架構師喜歡將事情自動化，這樣我們就可以盡可能輕易且頻繁地執行測試。

品質屬性要求

對我來說，最重要的類別是定義軟體系統的**品質屬性**（也稱為**品質屬性要求**或**品質目標**）。一般而言，開發軟體架構時有三個關鍵的驅動因素：功能需求、品質屬性以及約束。品質目標定義了某件事必須工作得多好。它們概述了整個產品的功能要求必須如何協同工作，並說明了對系統的額外定性要求（像是適應系統的某個部分有多容易）。因此，根據 Bass、Clements 和 Kazman 的說法，品質目標在軟體架構的開發中非常重要[5]。

國際標準化組織（ISO）規範 25010 提供了品質屬性的範例目錄。它列出了產品品質的八個主要特徵，然後將它們再細分解為更具體的子屬性（參考表 2-1）。

表 2-1　品質屬性和子屬性[a]

屬性	子屬性
功能適合性	功能完整性
	功能正確性
	功能適當性
性能效率	時間行為
	資源利用率
	產能

4 Ford、Parsons 和 Kua 所著的《*Building Evolutionary Architectures*》。繁體中文版《建立演進式系統架構｜支援常態性的變更》由碁峰資訊出版。

5 Len Bass、Paul Clements 和 Rick Kazman 所著的《*Software Architecture in Practice*》，第 3 版（Westford, MA: Addison-Wesley, 2015），64 頁。

屬性	子屬性
相容性	共存
	可交互運作性
可用性	適當可辨識性
	易學性
	可操作性
	使用者錯誤保護
	使用者界面美學
	可存取性
可靠性	成熟度
	可用性
	容錯性
	可恢復性
安全性	機密性
	完整性
	不可否認性
	可歸責性
	真實性
可維護性	模組化
	可再用性
	可分析性
	可修改性
	可測試性
可移植性	適應性
	可安裝性
	可替換性

[a] ISO/IEC 25010、ISO 25000，2022 年 3 月 28 日存取，*https://oreil.ly/Q3yst*。

ISO 規範並不是對軟體品質特徵進行分類的唯一方法；Hewlett-Packard 開發了另一個稱為 FURPS（*https://oreil.ly/hAWgp*）的系統（用於功能、可用性、可靠性、性能和可支持性）。然而，在本章我將使用 ISO 屬性。

無論你在與利益相關者討論品質目標時使用什麼樣的樣板、目錄或規範，請記住，品質目標是系統架構開發的主要驅動力之一，所以當定義適應度函數和指標的時候，它們也應該是主要的驅動力。

只有將時間和努力花在對你的整體目標有重大影響的屬性上才有意義。因此，在第 37 頁的「開發你的適應度函數和指標」中，將品質目標與關鍵利益相關者保持一致並對它進行定義，是建立相關適應度函數和它指標的第一步。

可選的適應度函數類別

以下類別可以提供額外的指引，並且可能和你與你的背景有關。因為它們並不總是相關的，所以我認為它們是可選的。有幾個是與一般只在大型專案中看到的額外溝通和文件要求有關。

適應度函數是暫時的還是永久的？

如果適應度函數的使用和有效性受到設計的限制，你可以將這個函數明顯的標示為暫時的；其他適應度函數則被歸類為永久的。這裡的「永久」意味著這函數在設計時並沒有考慮到特定的結束日期，而不是表示它會「永遠」持續：這函數可以像軟體開發中的所有其他事情一樣被更改或放棄。

專門且持久的更改或重構活動是暫時適應度函數的一個很好的例子。在重構的過程中，暫時的適應度函數和指標可以提供額外的幫助。一旦這項工作完成，它們就會隱退。

適應度函數是靜態的還是動態的？

靜態的適應度函數，或者更準確地說是靜態適應度函數的指標，具有目標指標的靜態定義。然後針對這個靜態指標執行驗證。你已經看過這樣的適應度函數，例如在範例 2-1 和 2-2 中，我們檢查程式碼覆蓋率是否始終大於某個靜態值。

另一方面，**動態的**適應度函數將目標指標定義為與另一個值有關的一定範圍內。例如，你可以為反應時間定義一個與系統目前有效使用者數量有關的目標範圍。在這個例子中，你可以對 10,000 到 100,000 範圍內的線上使用者定義 50 到 100 毫秒之間的目標反應時間範圍。

對於這樣的動態定義，要建立（自動化）測試是更加複雜的。但是這種定義也能夠比靜態定義更適應現實世界的使用情況，因此也許可以提供更有價值的輸出，但這取決於你的使用情況。

目標對象是誰？

你的適應度函數和指標的目標對象可能包括軟體開發人員、操作和產品經理，以及其他利益相關者。在有額外文件和通訊需求的大型環境中，定義你的對象很有用。事前知道目標對象對於決定如何以及在何處將輸出視覺化並提供存取權限非常重要。

你的函數和指標將應用在哪裡？

如果你有一個大型的系統或是多個系統，將適應度函數和它指標的有效性和執行，限制只在單一個系統、子系統或服務上可能是必要的。這通常也會伴隨著更大軟體開發工作中，存有額外的文件和通訊需求。或者，你可能希望將給定的適應度函數限制在系統或子系統中的某個技術上，像是對用 JavaScript 編寫的前端要求一種類型的程式碼覆蓋率，而對用 Java 編寫的後端要求另一種覆蓋率。

適應度函數類別：目錄概述

最後，表 2-2 和表 2-3 提供了適應度函數的類別及它可能值的簡要概述，作為你建立第一個適應度函數時的參考。

表 2-2　強制性適應度函數類別

類別	可能值
回饋的廣度	原子的或整體的
測試執行的觸發	觸發或連續
執行地點	CI/CD、測試環境、生產系統等
指標類型	真 / 假、離散值、時間序列 / 歷史值
自動化	自動的或手動的
品質屬性	ISO 屬性：函數適合性、性能效率、相容性、可用性、可靠性、安全性、可維護性、可移植性

表 2-3　可選的適應度函數類別

類別	可能值
暫時的或永久的	暫時的或永久的
靜態的或動態的	靜態的或動態的
目標對象	由你指定；例如，開發人員和產品負責人
適用性	由你指定；例如，某些技術（僅對 JavaScript）或你系統的某些範圍（服務 A 或服務 B）

現在你對我們的類別已經有了認識，讓我們將它們應用於測試金字塔的框架。

測試金字塔

測試金字塔是一個廣為人知和接受的概念，用於將不同種類的自動化功能測試分為三層[6]。Martin Fowler 將它描述為「關於如何使用不同類型的自動化測試，來建立一個平衡的投資組合的一種思考方法。[7]」在這裡，平衡意味著自動化功能測試的投資組合，要能平衡執行時間、執行以及維護成本與自動化測試所提供的信心。通常，你進行的測試越多，你對應用程式能按預期工作就越有信心。但是這通常會伴隨著這些測試有更高執行和維護成本的缺點。

圖 2-2 顯示了一個三層的基本測試金字塔。每一層都提供不同的品質回饋。

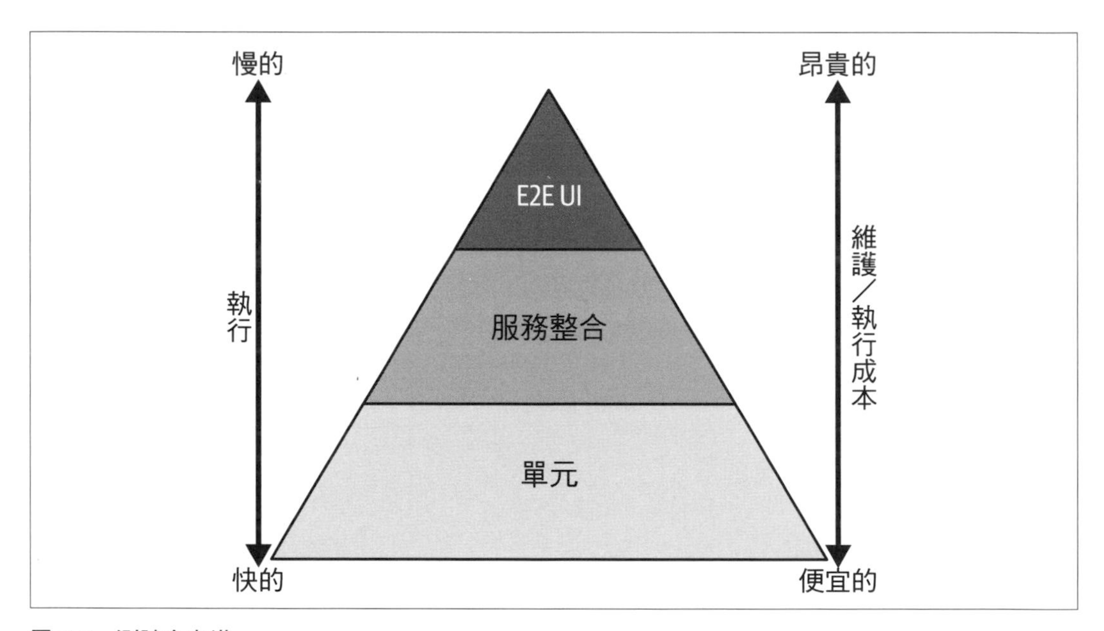

圖 2-2　測試金字塔

6　例如，參考 Ashley Davis 所著的《*Bootstrapping Microservices with Docker, Kubernetes, and Terraform*》（Manning, 2021）；Lisa Crispin 和 Janet Gregory 所著的《*Agile Testing: A Practical Guide for Testers and Agile Team*》（Addison-Wesley, 2008）；和 Martin Fowler 所著的「TestPyramid」，*MartinFowler.com*，2012 年 5 月 1 日，*https://oreil.ly/9o1DV*。

7　Fowler 所著的「TestPyramid」。

基礎層

基礎層是由我們所做最簡單的測試組成：單元測試。如果一個單元測試失敗，那麼問題出在哪裡就很清楚：問題一定是出現在被測試的單元內。當單元測試失敗時，這個單元可能會導致問題而且最終使用者會注意到，錯誤行為在實際的使用情況中通常不容易推導出來。

中間層

中間層描述服務和整合測試（有時候組件和 API 測試也放在這裡）。

頂層

頂層是端到端（E2E）測試，通常透過應用程式的使用者界面（UI）層直接執行。如果這些測試失敗，很容易可以看出現實世界的使用情況會受到如何的負面影響；但是，可能會更難追蹤導致錯誤的組件，因為在這個層次上，有許多組件在一起合作。

在金字塔底部的測試通常執行速度快，維護和運行也很簡單且成本低。在金字塔中越往上，測試執行的速度就越慢，開發和維護的成本也越高。因此，平衡三個層測試的數量至關重要，以擁有一組可維護的測試，對系統正在做它應該做的事情建立盡可能高信心的最佳結果。

當然，這是一個你可以用來決定在哪裡進行測試和自動化工作的模型，但這種理想化的模型並不一定是正確的。例如，可能需要在中間層使用大量的整合測試；對於沒有使用者界面的不同系統，在頂層可能會沒有測試。

在我研究如何調整這個金字塔結構來對適應度函數進行分類之前，讓我們先快速地深入了解一些有助於定義適應度函數的類別。

適應度函數測試金字塔

*適應度函數測試金字塔*的概念與功能測試金字塔的概念密切相關。我已經調整了適應度函數和架構指標的主要概念，以便在架構測試中重用來達到平衡（這個想法在架構驗證中也同樣重要）。

統計學家 George Box 曾經寫過「所有的模型都是錯誤的」，但也補充說「仍然有一些是有用的。[8]」我希望這裡介紹的模型是屬於有用的這類。

8 George E. P. Box, "Science and Statistics," *Journal of the American Statistical Association* 71, no. 356 (December 1976): 791–799。

與功能金字塔一樣，最簡單和最便宜的測試都位於金字塔的底部，更高級的測試位於中間，應該提供「最佳」現實世界回饋的最複雜的測試，則位於適應度函數測試金字塔的頂層。

適應度函數總是跨多個類別建立的，我在上一節中介紹過這些類別。雖然所有強制性的類別都與描述有用的適應度函數有關，但只有少數類別與適應度函數測試金字塔層中的分類相關。因此，我鼓勵你使用適應度函數測試金字塔的概念來建立一組平衡的架構測試，以在這些（部分是自動化的）架構測試提供的信心下平衡執行時間以及執行和維護的成本。

我認為只有在某些環境中的執行（快與慢），才是適應度函數測試金字塔中層次分類的相關因素。將適應度函數及它的測試實作分類到金字塔的某一層的兩個最相關的類別，是回饋的廣度（原子的與整體的）和執行觸發器，如圖 2-3 所示[9]。

只有整體的適應度函數出現在金字塔的頂層。至於執行，連續執行的測試和驗證更難實現，尤其是對於整體的回饋。因此，這些類別相互的作用會決定每一層中出現的內容。

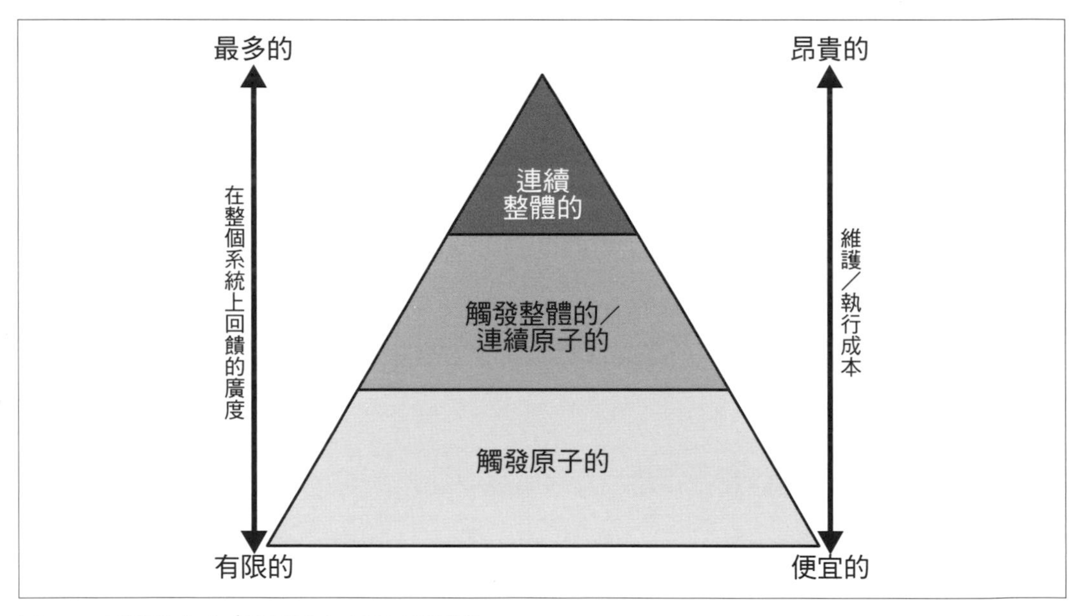

圖 2-3　影響適應度函數測試金字塔層的類別

9 Ford、Parsons 和 Kua 將這兩個類別稱為自然的「混搭」，因為當提到現實世界的適應度函數、指標和測試的定義時，這兩個類別密切相關；當然，其他類別也可能會有影響，但這在很大程度上與具體的使用情況有關。作為參考，這兩個也被 Ford、Parsons 和 Kua 提議作為自然的「混搭」。

頂層

頂層測試是整體的，可以為最終使用者提供系統健康狀況及其功能最複雜的回饋。因此，這些指標和驗證最接近現實世界的使用情況。

然而，它們通常是建立和維護中最難和最昂貴的測試。在某些情況下，因為涉及了很多的組件而且測試系統廣泛的部分，所以它們最有可能具有不確定的行為。我們正積極爭取對整個系統整體的回饋，但也必須考慮到較難隔離的非預期錯誤。

總而言之，頂層測試的建立和維護很複雜，而且它們所發現的問題有時很難追查到根本的原因。因此，當我們嘗試平衡努力和產出時，我們只選擇了幾個「好」的測試（較少的測試屬於金字塔的頂層）。

作為頂層整體測試的例子：對於線上的商店，如果它們處於定義為目標通道的預期範圍內時，則可以不斷地測量關鍵指示器，像是每分鐘結帳率、每分鐘收入或每分鐘登錄次數。偏差可能會突顯需要解決的潛在技術問題（或可能由最新部署所引入的）。頂層還包括了**混沌工程**[10]，即在生產環境中引入錯誤以測試系統的彈性，同時衡量系統對最終使用者的整體執行和準備狀況。

中間層

如圖 2-3 所示，中間層由觸發的整體或連續原子適應度函數所組成。這些適應度函數對整個系統的健康狀況提供廣泛的回饋，但不會持續地運行；它們是由專門的開發活動所觸發。

被觸發的整體指標可能是作為整合測試建構的一部分，或透過利用自動化部署管道中的測試系統或階段進行測試、執行和評估的指標。使用多個測試情況的整合測試運行，還可以透過模擬其他系統部分或第三方系統的故障以提供對整個系統性能、交易行為或彈性的可靠回饋。適應度函數範例 2-3 和 2-4 可以被認為是中間層的測試。

在生產系統中持續評估的簡單原子適應度函數也屬於這一層：例如，即時監控和測量像是交易持續時間或最終使用者性能（如網絡應用程式瀏覽器的載入時間）的原子性數值。

10 例如，對混沌工程的更多資訊，請參考「Principles of Chaos Engineering」（*https://principlesofchaos.org*）和 Netflix 的 Chaos Monkey（*https://oreil.ly/4i0Z1*）。

底層

我們的適應度函數測試金字塔的底層包含了「觸發原子」適應度函數。它們通常易於實現和運行，成本也很低。由於它們的簡單性，這些適應度函數通常已經良好地建立並且已經整合到 CI/CD 管道中。這些形成了我們努力定義有用指標的基礎。這一層可能包括程式碼覆蓋率指標、像是循環複雜性的靜態程式碼分析或簡單的性能測試。

我建議為你的底層建立一個廣泛的基礎，然後沿著上層使用平衡的方法。可以在不建立任何頂層測試（甚至中間層測試！）的情況下使用適應度函數。同樣地，甚至會在某些情況下，你可能需要將金字塔倒置，有很多持續的整體措施，而只有少數觸發的原子類別。這總是在很大程度上取決於背景和目標，但通常我建議遵循金字塔的形狀，在底層有最多的測試，在上層有較少的測試。

然而，當我們考慮在基礎應該有多少測試的時候，這個類比就失靈了。如果單元測試為這種粒度提供價值的話，通常沒有人會考慮限制單元測試的數量。相比之下，對於適應度函數測試金字塔的基礎，我並不建議建立盡可能多的測試，因為它們都會產生額外的開銷。

範例與它們完整的類別

現在你已經看過了適應度函數可能性的廣度，讓我們重新使用前面的兩個範例並推導出它們對應的類別，以便將理論介紹帶入生活。

我們之前在範例 2-1 中定義了適應度函數的第一個版本來測試單元測試的覆蓋率。

以下將適應度函數分解到它所屬的類別：

- 回饋的廣度：原子的
  - 單元測試覆蓋率只提供我們整個系統功能有限的回饋。
- 執行觸發器：觸發的
- 執行地點：CI/CD
  - 每次推送到原始程式碼控制系統時都會觸發執行，而且會執行單元測試以及測量單元測試的覆蓋率。
- 指標類型：特定值（>90%）
- 自動化的
  - 適應度函數將被自動地評估。

- 品質屬性要求：可維護性
    - 透過這個適應度函數，我們追求的目標是保持我們的系統在一定程度上是可維護的；我們將好的測試覆蓋率視為是系統可以更輕鬆維護（調整、更改、改善）的指示器。
- 靜態的或動態的：靜態的

範例 2-2（整合測試覆蓋率）的分類也相同，適應度函數將在金字塔的底層。

我們之前定義了適應度函數的第一個版本來測試在網絡延遲情況下具體的功能（範例 2-3）。

以下將適應度函數分解到它所屬的類別：

- 回饋的廣度：原子的 / 整體的
    - 如果它符合整體適應度函數的條件，就更難分類了；這主要取決於正在執行的測試、以及第三方系統對我們系統的重要性。

      如果在我們系統的許多使用案例中使用第三方系統，它就可以被歸類為整體的適應度函數；否則，我寧願將它歸類為原子的。
- 執行觸發器：觸發的
- 執行地點：CI/CD 和測試環境
    - 執行在 CI 工作流程中每晚觸發，但測試是在測試環境中執行。
- 指標類型：0/1（如果所有測試都通過）
    - 我們也可以主張我們對所有測試的正性率感興趣，但由於我們要求所有測試都要通過，所以這是一個 0 或 1 的決定。
- 自動化的
    - 適應度函數將被自動地評估並每晚運行。
- 品質屬性要求：可靠性
    - 透過這個適應度函數，我們追求即使在第三方界面反應緩慢的情況下，也可以保持系統高可靠性的目標。
- 靜態的或動態的：靜態的

以下將範例 2-4 分解到它所屬的類別：

回饋的廣度（原子的或整體的）：可以是兩者

這個特定的適應度函數歸類為原子的或整體的，主要取決於正在執行的測試、第三方系統對我們系統的重要性以及系統的整體性能。如果你的系統在多個使用案例中使用第三方系統，它就會影響整個系統的性能，因此你可以將它歸類為整體的適應度函數。

執行觸發器和地點：觸發的，以及 *CI/CD* 和測試環境

執行在 CI 工作流程中每晚觸發，但測試是在測試環境中執行。

指標類型：兩種類型

如果它通過所有測試，則第一種類型為 0/1。你也可以主張你對所有測試的正性率感興趣，但由於所有測試都必須通過，所以它是 0 或 1 的決定。第二種是性能量測的具體數值：在這種情況下，比 10 分鐘更快。

自動化的：是

適應度函數將被自動地評估並每晚運行。

品質屬性要求：可靠性、性能效率

透過這個適應度函數，我們追求即使在第三方界面反應緩慢的情況下，也可以保持系統高可靠性和足夠性能的目標。

靜態的或動態的：靜態的

這是一個靜態的函數，因為目標值與另一個適應度函數的結果無關，所以這兩個指標在這裡是靜態定義的。

如前所述，我會將範例 2-3 和 2-4 放在適應度函數測試金字塔的中間層。

對頂層範例進行完整分類

在這裡你可以找到兩個頂層適應度函數範例的完整定義。更為複雜的範例 2-5 和 2-6 顯示了適應度函數的完整分類，它們位於或接近適應度函數測試金字塔的頂層。

範例 *2-5* 適應度函數（線上商店）[11]

量測全天每分鐘的收入。當基於目前時間的每分鐘收入超出下表中所提供的通道時失敗：

一天中的時間範圍	最低收入（每分鐘）
上午 01:00 - 上午 05:00	200 歐元
上午 05:01 - 上午 07:00	400 歐元
上午 07:01 - 上午 09:00	600 歐元
上午 09:01 - 上午 11:30	900 歐元
上午 11:31 - 下午 01:30	1100 歐元
下午 01:31 - 下午 05:30	950 歐元
下午 05:31 - 下午 07:30	1500 歐元
下午 07:31 - 下午 09:00	750 歐元
下午 09:01 - 上午 00:59	300 歐元

讓我們將範例 2-5 分解到它所屬的類別：

回饋的廣度（原子的或整體的）：整體的

這量測是整個系統性能的直接測量。

執行觸發器和地點：連續的、生產環境

適應度函數的評估是在生產環境中連續進行的。

指標類型：離散值

這值就是收入。如果這個值高於閾值，則需要驗證。

自動化的：是

適應度函數將被自動地評估。

品質屬性要求：多個

包括可靠性、性能效率、可用性以及更多其他的。當我們量測整個系統時，這些範例顯示了一些品質屬性的直接驗證。

靜態的或動態的：動態的

適應度函數位於金字塔的頂層。

11 上面範例的表格是一個非常簡化的表格；現實世界的版本會有更細粒度的架構，或時間和預期收入之間有更複雜的聯繫。

範例 2-6　適應度函數（線上商店可靠性）[12]

> 將新發布版本部署到我們的生產系統（凌晨 01:00）。
> 當發布版本推出時，不斷地執行含有 5 個主要最終使用者使用案例的一組回歸測試
> （登錄、將商品放入購物車、從購物車中刪除商品、查看購物車、結帳）。
> 系統執行所有動作並在 100 毫秒內做出反應。測試使用案例失敗時失敗；
> 當系統不執行動作且反應 < 100 毫秒時失敗

讓我們將範例 2-6 分解到它所屬的類別：

回饋的廣度（原子的或整體的）：整體的

這量測是在部署期間對整個系統的直接測量，而不是對所有線上節點的量測。

執行觸發器和地點：觸發的、生產環境

適應度函數的評估是在生產環境中使用離散觸發器（每個凌晨 01:00）完成的。

指標類型：兩種類型

第一種類型是離散值（性能），如果值高於閾值，則進行驗證。

第二種類型的值是 0/1：系統在部署期間是可用的，並且測試不會失敗。

自動化的：是

適應度函數將被自動地評估。

品質屬性要求：多個

包括可靠性和性能效率。

靜態的或動態的：靜態的

這適應度函數位於金字塔的頂層。

如同你在這些範例中看到的，對現實世界範例的分類並不一定是對每個類別做出黑白分明的決定；但這也不是分類的目標。首先這些類別或維度應該用作適應度函數和它指標重要面向的目錄。第二個目標則是幫助軟體架構師識別目前還未被涵蓋的領域，幫助他們決定在哪些地方可能需要額外的努力。

12 這是一個驗證系統在執行滾動更新的時候，可以正常操作的可靠性測試。這個測試驗證系統在部署期間不需要停機；此外，它也可能顯示，如果某個節點不論因為什麼原因而關閉，整個系統都會有反應並按預期執行。

開發你的適應度函數和指標

讓我們看看我是如何開發適應度函數，並在實作初始設定之後繼續進行持續和迭代的努力。對我來說，與軟體架構工作有關的所有活動的主要起點是系統的品質目標。這也是我推薦當你在為系統處理適應度函數和指標時的起始活動。

如果你還未與系統的利益相關者在主要品質目標上達成一致，那麼這會是開始這樣做的好機會。由收集相關的品質目標開始，並建立一個系統所有利益相關者都同意的品質目標的共同願景。

Ford、Parsons 和 Kua 認為，「團隊應該確定適應度函數，作為他們對設計必須支持的整體架構問題初步理解的一部分。他們也應該儘早確定他們系統的適應度函數，以幫助決定他們想要支持的那種變化。[13]」雖然總體上我支持這個想法，但要從一開始就確定所有適應度函數很難，就像一開始時就知道你的所有要求很難一樣。我建議從小而且容易的開始，然後在實作系統中學習。利用這些學習來依據需要改進、變更或增加新的適應度函數和指標。從金字塔底層的相關測試開始。

以下過程，我將完全整合到像 Scrum 這樣的迭代開發過程，可以幫助你定義你的第一個適應度函數並實作架構測試：

1. 與關鍵利益相關者合作，確定最重要的品質屬性，設定架構目標並記錄它們。

   使用目標可以避免建立不會為你系統增加價值的適應度函數和自動化測試的陷阱。我經常看到人們只是因為容易而將測試自動化，但並未針對關鍵品質目標且幾乎沒有增加價值。專注於主要的架構目標可以提供一種目的感。

2. 制定適應度函數和它目標指標的初稿。

   想一下對你很重要的維度，將草稿版本放在與整個團隊共享的清單中（你也可以使用你的代辦事項）；記錄你已經預期相關的類別。

   為什麼要共享清單或代辦事項？定義正確的適應度函數，和建立產生目標指標的自動化測試需要一些努力。透過代辦事項，你可以收集你的想法，直到你準備好實作它們。

   記錄每個適應度函數草案的類別，這對以後在新領域中選擇適應度函數時也會很有用，像是你目前尚未涵蓋的系統相關品質目標，或是透過添加來自不同層的測試來平衡你的測試組合。

---

13 Ford、Parsons 和 Kua 所著的《*Building Evolutionary Architectures*》「Chapter 2: Fitness Functions」。繁體中文版《建立演進式系統架構｜支援常態性的變更》「第 2 章：適應度函數」。

3. 優先考慮並選擇那些目前是重要、有用且可行的適應度函數進行測試。

   考慮到一些測試未涵蓋的區域和維度，以及金字塔層。你是否已經有了平衡的架構測試和指標組合？如果你是第一次進行這個過程，請從金字塔底層的簡單內容開始。

4. 在你的選擇中敲定任何未完成的適應度函數定義。

   將完整的定義及它的類別保留在金字塔的層中。在下一次迭代的過程中，這將為你已經涵蓋的範圍提供有價值的概述。

5. 開發一個可以產生指標的自動化測試。

   理想情況下，你希望經常驗證這些測試。根據適應度函數的類型及它的定義，你通常還應該確認測試直接驗證了目標指標。我強烈建議在預設情況下讓它自動化；只有少數非常具體的指標應該以手動建立和驗證。

6. 將結果視覺化。

   使用資訊看板或其他視覺化的形式與整個團隊共享你的結果，並在需要的時候與相關利益相關者共享。

7. 根據需要定期迭代。

   也許有些測試的輸出不可靠，某種指標不再有用，或者維護工作量太大；停止使用那些不能提供足夠價值、或不再需要的測試和適應度函數。

   也可以根據需要變更現有的適應度函數和指標；例如，你可以使現有的指標更嚴格以反映系統的改善，或者如果它們與你的整體系統目標不那麼相關，則不要那麼嚴格。

結論

任意測試你的系統可能會導致你失去對最重要事情的關注：在相關範圍內像是性能、安全性和可修改性等的整體品質。你應該從相對容易建立、並且可以根據需要開發和擴展有堅實基礎的架構測試開始。使用適應度函數當成你系統量身訂製指標的建立方法，讓我們可以客製化，並且遵循我在這裡描述的過程，以協助減少不必要的開銷。適應度函數測試金字塔提供了額外的層，來對你的測試進行分類並平衡你的工作。指標是最終的目標：它們是使團隊專注於軟體系統一致目標的不偏不倚衡量。

第三章

演化的架構：具有可測試性和可部署性的指導性架構

Dave Farley

軟體架構既重要又短暫。例如它可以確定系統的重要特性，像是它們的可擴展性、性能和彈性等。它是短暫的，因為在我們如何判斷這些品質上它往往是模糊和主觀的。

對於作為架構師的我們所建構的系統，架構描述和文件的最佳功能就像旅遊地圖一樣，它們在對細節不會過於精確或具體下，讓我們能夠在空間中瀏覽——因為這些細節可能會變更。更深入了解使用者和客戶的要求和需要，可以改變我們對系統架構屬性需要在什麼位置的看法。

如果你使用軟體架構，你可能會想：如果我一開始使用一個簡單的系統，當需求快速增長的時候我該如何應付？如果需求不增長又該如何？對性能、安全性和延長正常運作時間的日益增長的需求該如何處理？如何維護我的系統成為一個可以容易地發展，以滿足新的或不可預見需求的適宜開發空間？我如何才能為未預期的變化採開放態度，同時避免因過分講究永不過時而阻礙了開發過程？

本章指出答案是一種防禦性的方法：軟體架構師需要設計和學習一些技術來管理他們建立系統的複雜性。

學習和發現的重要性

複雜的系統永遠不會從它創造者的頭腦中完全地形成；它們是漸進和學習過程的產物。軟體開發始終是一種學習和發現的鍛鍊。這意味著，如果你想做好工作，你需要停止嘗試想像或甚至預測，你的系統應該如何使用以及隨著時間推移的演進。

在現實世界中，我們建構的系統是複雜適應系統的一部分，其中包括了開發人員、使用者和客戶，以及它們的環境和組織背景。這種現實需要一種更動態、幾乎是有機的架構和設計方法，讓你可以邊走邊學習，並使你的軟體能適應對它做什麼和如何做不斷變化的看法。

即使你沒有所有的答案，你也需要能夠開始工作。隨著學習的深入，你還需要保護和維持做出變更的能力。因此，你需要保持開放的選擇。

可持續變更的工具

什麼樣的架構選擇能讓你保持開放的選擇？軟體設計有 5 個屬性有助於實現可持續的、演進的方法。他們分別是：

模組化

將系統劃分為可以變更而不會強迫其他部分變更的部分。

內聚性

將程式碼中發生變更的部分保持緊靠在一起。

關注點分離

確保程式碼和系統的每一部分都專注於解決一個問題。

抽象 / 資訊隱藏

在系統中建立「接縫」，允許在不必了解系統其他部分如何工作的消費行為。

耦合

系統分開的部分需要一起變更的程度。

這些屬性不只是對軟體適用，對一般資訊也普遍適用。它們沒有提到系統是如何工作或任何給定技術的性質。

無論一個系統做什麼，無論它採用什麼樣的技術，如果它是模組化和內聚性的，如果它有效地分離了關注點，如果它使用好的抽象來從系統其他部分描繪出一個部分，而且如果它適當地管理系統不同部分之間的耦合，那麼它將比在這些屬性上表現不好的類似系統更容易工作、更容易變更、更容易理解、且更容易測試。

採用這種演進的方法來設計和架構，且以這種方式建構，意味著當你學習更多的時候，你的系統將更容易適應你所學到的新東西。

例如，如果你發現你的系統使用圖形資料庫比使用關聯式資料庫更有效怎麼辦？如果你選擇早期將領域邏輯的核心與持久化其結果的問題分開，這將更容易變更。這樣的系統展現出良好的關注點分離、更好的模組化、內聚性和相當好的抽象性。你可以想像拔掉由 RDBMS 支持的存儲庫，並用相對容易的 GraphDB 存儲庫取代它。但是，如果你的核心領域和持久性混為一談，那麼很難會做出這樣的移動，甚至連想都不敢。

可測試性：建立高品質系統

你如何將這 5 個品質屬性納入建立的系統中？慣例的答案是「視情況而定」。這取決於建立程式碼的團隊或個人，特別是他們的技能、經驗和投入。

如果參與的人缺乏技能，那麼無論他們多麼努力，他們都不會創造出高品質的結果。如果他們缺乏經驗，即使在問題的某些面向上有技術，他們也會錯過一些想法或更細緻的面向，像是可能影響複雜系統開發的抽象洩漏或不同類型的耦合。如果他們沒有足夠盡力而為的動力去做，那麼無論技術多好或經驗多豐富，結果都可能很差。

但也有一些別的東西。你需要知道你的軟體可以工作，這意味著測試它以驗證系統是否做了它應該做的事。更重要的是，你需要能夠安全和自信地自由更改系統。如果你編寫了程式碼或系統但不測試它們，那麼你可能應該離開鍵盤並重新思考。「只有編寫的開發」產生的結果品質，永遠不會超過微不足道、可丟棄的程式碼。

如果你需要測試，那麼唯一的爭論是：手動還是自動執行？手動測試是緩慢的、效率低的、昂貴的而且不可靠；而自動化測試是到目前為止更有效率的方法，並且往往會帶來更高的品質。因此要如何使程式碼測試盡可能的簡單呢？是什麼讓程式碼是**可測試的**？

要測試系統中的某些內容，你需要存取這系統的相關部分。這些組件應該處於明確定義的狀態，準備好進行評估。你將調用系統的某些行為，然後獲取系統的反應，以便你可以評估它們並確定它們是否符合你的期望。

那麼你系統的哪些特點將促成這一點？如果你可以只專注在系統的行為，那就太好了。模組化的系統比非模組化系統更容易測試。

專注於行為，專注於我們面前的模組，然後，我們希望它很容易為測試而設置。如果你正要測試的模組沒有內聚性並且與其他模組緊密耦合，那這將會很困難。有內聚性和鬆散耦合的軟體將更容易測試。

要在某種精確狀態下建立系統，你需要控制變量，因此在我們評估的背景中限制它的複雜性。好的關注點分離讓你可以專注在你感興趣的行為，而不是專注在使情況複雜化的行為集合。

最後，如果你的測試與你在測試中的程式碼有些脫鉤，那麼可以更改程式碼，而不會強迫你更改測試。這意味著最可測試的程式碼也被很好地抽象化，並從測試中隱藏了實作的細節。因為我們設計中抽象的程式行形成了我們可以測試的邊界，因此限制了測試的範圍和複雜性，所以這也使測試更容易設置。

因此，可測試程式碼的屬性與我們在容易從事和更改的程式碼中所重視的屬性相同。這很有意思！

如果你想將程式碼設計成可測試的，最簡單和最好的方法是使用測試來指導程式碼的設計。如果你將可測試性視為一種有價值的架構性質，並組織你的工作以便將測試建構到開發和設計的過程中，讓你的系統始終都是可測試的，那麼你將擴大設計的品質。

為可測試性而設計可以擴大開發人員的才能，並在系統中體現這 5 個屬性，這遠比只依靠他們的技能、經驗和投入更好。

總而言之，為可測試性而建構，使你可以隨著時間的推移，有根據需要修改系統的自由。

可部署性：擴大我們系統的開發

可測試性是一種我們可以用來推動更有效率工程過程的工具，因而產生更好的架構系統。它可作用於各種不同的規模，但還有另一種可以在更系統層次上操作的工具：*可部署性*。

與我最密切相關的軟體開發方法被稱為*持續交付*。在持續交付中，我們努力確保我們的軟體始終處於可發布狀態，這是由所謂*部署管道*的機制決定。部署管道使我們大部分的發布過程自動化，並表示對我們系統可發布性的明確評估。如果部署管道通過了所有評估，則根據定義這軟體可以安全發布，且決定軟體可發布性的所有事情都在部署管道的範圍內。

如果部署管道定義了可發布性，那麼它的範圍就是「從提交到可發布的結果」。如果一個發布候選者成功地通過了管道，那麼它就可以在*沒有更多的工作要做*下發布。在管道結束時，如果你需要使用其他部分更廣泛地測試這些組件或子系統，那麼你的管道不會以任何有意義的方式確定「可發布性」。

要達到高品質，你需要對系統做明確的評估。這意味著要精確看待那些如果成功將部署到生產中的更改。此外，為了提高這些評估的可靠性，你需要提高它們的*確定性*。因此，你的目標是準確評估將進入生產的程式碼，並確保程式碼的行為是盡可能確定的。如果你能做到這一點，那麼每次你執行這個版本的程式碼時，你所做的任何測試都會產生相同的結果。

這意味著部署管道的範圍有一些限制；*部署管道正確的範圍始終是軟體可獨立部署的單元*。這可能是單一的微服務或整個企業系統，但可部署性是唯一確定的評估範圍。

結論

當開發人員考慮軟體架構時，我們經常會想到系統的其他重要屬性，像是安全性、可擴展性和彈性等。然而，最終這些想法的重要程度，取決於系統及它開發人員所執行的業務，以及整個系統的成熟程度。

如果你太過於專注在可擴展性和彈性上，而只獲得三個使用者，那麼所有這些工作的努力都白費了。如果你專注於一般使用的安全性，但這軟體從不會在你公司內部網路防火牆之外使用，那麼努力也是白費了。這相當於過度設計了系統，以滿足未來可能出現或不會出現的需求。

相比之下，如果你採用工程主導的方法來解決問題，並用演進的方法來處理架構和設計，你就可以更早些開始開發，並更好地調整系統以滿足你面前的需求。這是一個更好的策略。

圍繞可測試性和可部署性建構你的工作，有助於你在系統演進時保持開放的選擇。如果你的系統是模組化的、抽象的而且大體上是考慮周全的，那麼當你需要加強安全性的時候，它會更容易加強。當你的程式碼需要更有彈性的時候，你可以實作混沌測試，並看看如何做到這一點。

在更技術的層次上，更好的可測試性和可部署性（尤其是可測試性）的驅動力，鼓勵工程師設計更有效地分離必要和偶然複雜性的系統。這反過來又使你在其他系統架構屬性上，對變更甚至是非常極端變更的選擇更加開放。這種方法增強了你建立高品質、創新的軟體架構能力。

第四章

用模組化成熟度指數改善你的架構

Carola Lilienthal 博士

在過去 20 年中，大量的時間和金錢投入到以 Java、C#、PHP 等現代程式語言所實作的軟體系統上。專案開發的重點通常是快速的實作功能，而不是在軟體架構的品質上。這種做法導致了越來越多的技術債務——不必要的複雜性，額外的維護成本——隨著時間的推移而積累。今天，因為這些系統的維護和擴展昂貴、乏味且不穩定，所以它們不得不被稱為遺留系統。

本章將討論如何使用模組化成熟度指數（MMI），來衡量軟體系統中的技術債務量。程式碼庫或 IT 環境中不同應用程式的 MMI，為管理人員和團隊提供了決定哪些軟體系統需要重構，哪些應該取代，哪些不需要擔心的指導方針。它的目標是找出應該解決哪些技術債務，使架構變得可持續並且減少維護成本。

技術債務

技術債務一詞是由 Ward Cunningham 在 1992 年所創的：「當有意識或無意識地做出錯誤或次優的技術決策時，就會產生技術債務。這些錯誤或次優的決策會在以後的時間點上導致額外的工作，這使維護和擴展更加昂貴。[1]」在做出錯誤決策的時候，你開始積累技術債務，如果你不想最終負債累累，那就需要還清利息。

1 Ward Cunningham, "The WyCash Portfolio Management System: Experience Report," OOPSLA '92, Vancouver, BC, 1992。

在本節中，我將列出兩種類型的技術債務，重點在可以透過架構審查發現的技術債務：

實作債務

原始程式碼包含所謂的程式碼異味，像是長的方法和空的 catch 區塊。現在可以用各種工具以高度自動化的方式在原始程式碼中找出實作債務。每個開發團隊都應該在不需要額外的預算下，於日常工作中逐步解決這個債務。

設計和架構債務

類別、套件、子系統、層和模組的設計，以及它們之間的相依關係是不一致和複雜的，而且與規劃的架構不匹配。這種債務不能藉由簡單的計數和測量確定，它需要廣泛的架構審查，這會在第 57 頁的「確定 MMI 的架構審查」中介紹。

其他問題範圍也可以被視為是軟體專案的債務，像是缺少文件、測試覆蓋率差、可用性差或硬體不足等，因為不屬於技術債務的範疇，所以在這裡省略了。

技術債務的起源

讓我們來看看技術債務的起源和影響。如果在軟體開發專案開始時就設計了一個高品質的架構，那麼可以假設軟體系統一開始就可以很容易地維護。在這個初始階段，軟體系統處於低技術債務的通道上，維護工作也是如此，如圖 4-1 所示。

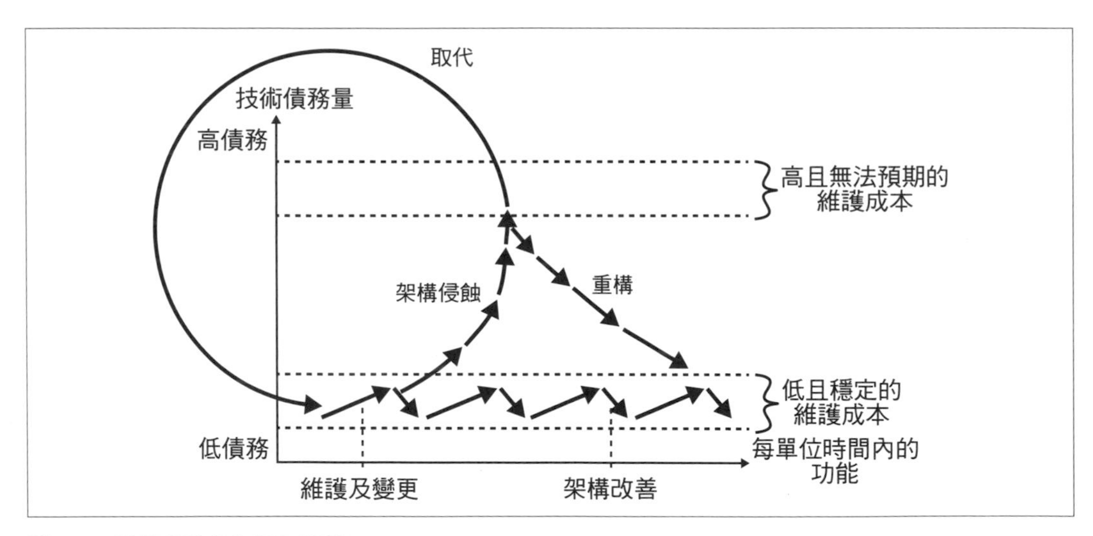

圖 4-1　技術債務的起源和影響

如果在維護和整合更改期間，系統越來越擴展，則不可避免地會產生技術債務（如圖 4-1 中向上箭頭所示）。軟體開發是一個不斷學習的過程，第一次拋出的解決方案很少是最終方案。架構的修訂（架構改善，用向下箭頭表示）必須定期進行。這會建立一個維護 / 更改和架構改善持續的序列。

如果一個團隊能夠永久地遵循持續擴展和架構改善的序列，那麼系統將保持在低且穩定的維護成本通道上。不幸的是，架構改善的這個面向直到最近幾年才真正成為許多預算經理的現實——對於大多數在 2000 年代初開始的系統來說為時已晚。

如果不允許開發團隊持續地減少技術債務，那隨著時間的推移，架構侵蝕將不可避免地發生，如圖 4-1 中離開低且穩定維護成本通道的上升箭頭所示；這個過程稱為**架構侵蝕**。一旦技術債務堆積起來，軟體維護和變更的成本就會越來越高，隨之而來的錯誤也會越來越難以理解，以至於每次變更都成為痛苦的工作。圖 4-1 透過向上指向的箭頭不斷變短的事實，清楚說明了這種緩慢的衰減。隨著債務的增加，每單位時間可以實作的功能越來越少。

有兩種方法可以擺脫這種技術債務的困境：

重構

你可以從內而外地重構遺留系統，因此再次增加開發的速度和穩定性。在這條通常是艱鉅的道路上，系統必須逐步回到低且穩定維護成本的通道內（參考圖 4-1 中標有「重構」的下降箭頭）。

取代

或者你可以用另一個技術債務較少的軟體取代這個遺留系統（參考圖 4-1 中的圓圈）。

當然，也有可能是在開發之初，現場的團隊能力不足。在這種情況下，技術債務在開發之初就已經被占用了而且持續的增加。對於這樣的軟體系統，可以這樣說：它們是在惡劣的條件下成長的。從長遠來看，無論是軟體開發人員或是管理人員都不會享受這種狀態的系統。

對於大多數預算經理來說，這種對技術債務的看法是可以理解的。沒有人願意積累技術債務，並慢慢陷入開發的困境，直到每次調整都成為無法估量的固定成本。為了在軟體的整個服務壽命期內保持低技術債務，應該充分地表達出需要持續工作的面向。現在大多數非 IT 人員都很清楚這個問題，但是如何才能真正地評估軟體系統中的債務呢？

用 MMI 進行評估

我關於架構和認知科學的博士論文，以及三百多個架構評估的結果，使我和我的團隊能夠建立一個稱為 MMI 的統一評估方案，來比較各種系統架構中所積累的技術債務。

認知科學告訴我們，在演進的過程中，人類的大腦獲得了一些令人印象深刻的機制，來幫助我們處理像是政權組織、城鎮和國家佈局、族譜關係等複雜的結構。軟體系統因為大小和所包含元素的數量，無疑也是個複雜的結構。在我的博士論文中，我將認知心理學關於我們大腦用來處理複雜性的三種機制（分塊、建立層級以及建立模式）的發現，與電腦科學中重要架構和設計原則（模組化、階層以及模式一致性）聯繫起來。在本章中，我只能對這些關係提供簡要的解釋。完整的細節，尤其是對認知心理學，可以在我博士論文的書中找到 [2]。

這些原則具有突顯的特性，即它們有利於我們大腦中處理複雜結構的機制。遵循這些原則的架構和設計被認為是統一且可理解的，因此使它們更容易維護和擴展。因此，必須在軟體系統中使用這些原則，以便可以快速地進行維護和擴展，而且不會出現太多錯誤。我們的目標是，可以長期與持續變更的開發團隊一起開發軟體系統，同時保持相同的開發品質和速度。

模組化

在軟體開發中，**模組化**是由 David Parnas 在 1970 年代引入的原則。Parnas 主張一個模組應該只包含一個設計決策（封裝），而且這個設計決策的資料結構應該封裝在模組的位置 [3]。

在現代程式語言中，模組是軟體系統中的單元，像是類別、組件或層。我們的大腦喜歡在不同層次的單元上對系統推理，以在我們記憶中達到容量增益。這裡的關鍵點是，只有在細節可以表示為形成有意義東西的連貫單元時，我們的大腦才會從這些單元中受益。結合了任意的、不相關元素的程式單元是沒有意義的，而且也不會被我們的大腦接受。因此，具有連貫且有意義的程式單元的模組化系統，將具有低技術債務和低的不必要複雜性。

2 Carola Lilienthal 所著的「Sustainable Software Architecture」（博士論文，*Dpunkt.verlag*，2019 年）。

3 David Parnas, "On the Criteria to be Used in Decomposing Systems into Modules," *Communications of the ACM* 15, no. 12 (1972): 1053-1058。

程式單元是否代表軟體架構中連貫且有意義的元素，只能做定性的評估。這種定性評估是由各種測量和檢查來支持的：

透過耦合的內聚性

單元應該包含屬於在一起的子單元，這意味著它們之間的內聚性應該很高，而它們與外界的耦合卻應該很低。例如，如果一個模組的子模組與其他模組的耦合度高於與「兄弟姐妹」的耦合度，那麼它們之間的內聚性較低，模組化就沒做好。與內聚性不同，耦合是可測量的。

名稱

如果系統的程式單元是模組化的，你應該能夠為每個單元回答以下問題：它的任務是什麼？這裡的關鍵點是程式單元確實會有一個任務，而不是幾個。不清楚職責的一個很好的線索是單位的名稱，名稱應該描述它們的任務。如果名稱含糊不清，則應查看一下。不幸的是，這一項是無法衡量的。

均衡的比例

在一層上的模組化程式單元，像是層、組件、套件、類別和方法等，應該有均衡的比例。這裡值得檢查非常大的程式單元，以確定它們是否是分解的候選者。圖 4-2 顯示了一個極端的例子；在圖的左側中，你可以從圓餅圖中看到一個系統的 9 個建構單元的大小：團隊告訴我們，這些建構單元反映了系統計劃的模組。其中一個建構單元代表圓餅圖最大的部分，它有 950.860 行程式碼（LOC）。其他 8 個建構單元加起來只有 84.808 個 LOC，這是非常不平衡的。在圖 4-2 的右側，你可以看到系統的架構，其中 9 個正方形為建構單元，建構單元之間的關係以弧線表示。系統中稱為「磐石」的部分是圓餅圖中較大的部分。系統還有 8 個小型建構單元，我們稱為「衛星 X」。與衛星的淺色相比，磐石正方形的深色表示，這是大部分原始程式碼所在的位置，就像圓餅圖所顯示的一樣；這個系統的模組化並不均衡。這個指示器是可以測量的。

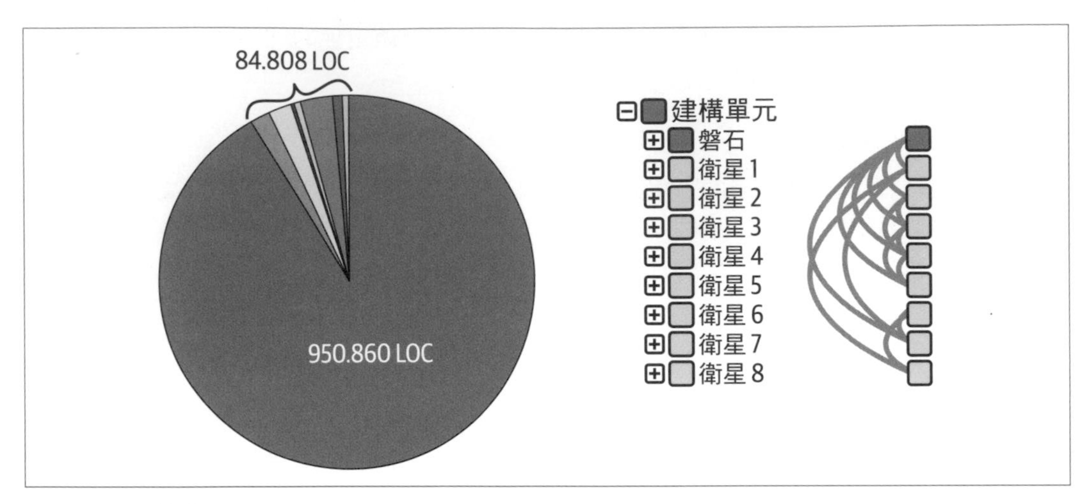

圖 4-2　極端的比例

你可以在所有等級中進行類似的評估，以檢查系統的模組化。在 MMI 計算上，每個點的影響都遵循階層和模式一致性的解釋。

階層

階層在感知和理解複雜結構以及存儲知識方面扮演著重要的角色。如果知識以階層方式表示，人對知識就能很好地吸收、複製並找到處理的方法。階層的形成在程式語言中支持**包含 - 存在關係**：類別在套件內，套件又在套件內，最後則在專案或建構的工件內。這些階層符合我們認知的機制。

與包含 - 存在關係不同，**使用和繼承關係**可以在不建立階層的方式下使用：我們可以在原始程式碼庫中使用和 / 或繼承關係，鏈接任何類別和界面。以這種方式，我們產生不是階層而相互交織在一起的結構。在我們的學科中，我們會談到類別的循環、套件的循環、模組之間的循環以及階層各層之間的向上關係。在我的架構審查中，我看到了整個範圍，從非常少的循環結構到大型的循環怪獸。

圖 4-3 顯示了一個含有 242 個類別的循環。每個矩形代表一個類別，類別之間的線代表它們的關係。這個循環分佈在 18 個目錄中，它們互相需要以完成它們的任務。

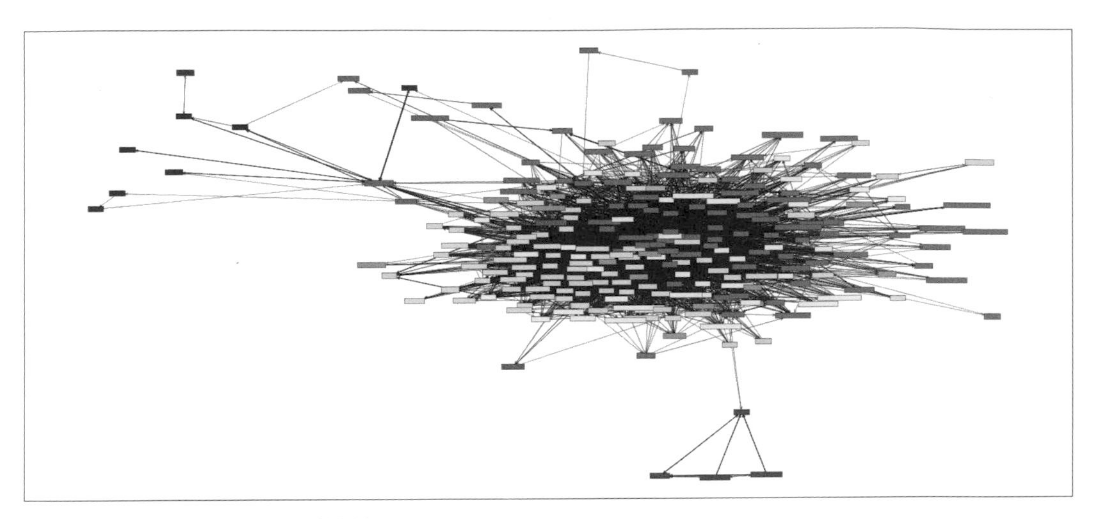

圖 4-3　一個含有 242 個類別的循環

圖 4-3 中的循環源自的系統共有 479 個類別。所以在這裡，超過一半的類別（242 個）直接或間接地互相需要。此外，這個循環高度集中在中心且衛星很少。沒有自然的可能性來分解這個循環，但是要重新設計這些類別卻有一大堆的工作，所以最好從一開始就確保這樣的循環不會發生。幸運的是，大多數的系統都有較小、較不集中的循環，可以用少許的重構來分解。

圖 4-4 顯示了架構層次的非階層結構。一個小型應用系統（80,000LOC）的 4 個技術層——App、Services、Entities 和 Util——相互重疊並按預期主要是從上到下的相互使用（左側的向下箭頭）。一些反向的引用（右側的向上箭頭）已經在各層之間蔓延，這會導致層與層之間的循環，因此造成架構上的違規。

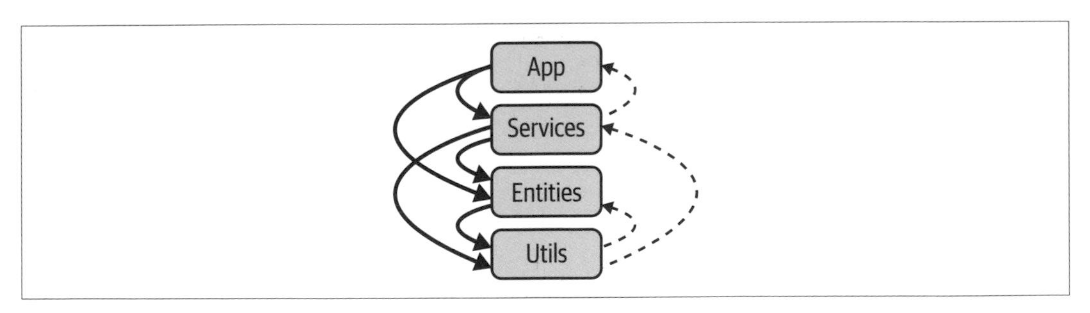

圖 4-4　在架構層次的循環

這種分層架構中的違規只由 16 個類別造成，並且很容易解決。同樣地，對於這些類型的循環或分層違規，越早發現和重構它們越好。

好消息是循環在所有層次上都很容易測量，因此系統的階層可以精確地檢查。在 MMI 計算上每個點的影響都遵循模式一致性的解釋。

模式一致性

人類用來建造複雜關係的最有效機制是模式。模式將類似事物或連繫的典型屬性作為抽象的概述。例如，如果你被告知某人是老師，那麼在抽象層面上，你的模式包含了關於相關活動的不同假設和想法：老師受僱於學校，他們沒有每日八小時的工作時間，而且他們必須批改課堂測試。具體來說，你會記得你自己的老師，你已經將他們存儲為老師模式的原型。

如果你對生活中的一個背景存有模式，你可以比沒有模式更快地理解和處理疑問與問題。例如，在軟體開發中廣泛使用的設計模式，是利用人腦的力量來處理模式。如果開發人員已經使用過一種設計模式並從中建立了模式，他們就能更快地識別和理解使用這種設計模式的程式內容和結構。

模式的使用在日常生活中，為我們理解複雜結構提供了決定性的速度優勢。這也是多年前模式進入軟體開發的原因。對於開發人員和架構師來說，模式的存在很重要，可以在原始程式碼中找到模式並且一致地使用它們。因此，一致地應用模式可以幫助我們處理原始程式碼的複雜性。

在圖 4-5 的左側顯示了一個團隊開發的圖表，記錄他們的設計模式在一個允許他們將模式的類別收集到一個層裡的工具中。在圖的右側，原始程式碼分成這些設計模式，在軸的左側可以看到很多弧線，這些弧線是向下的，因此它們與圖表吻合。軸左側的弧線向下，而右側的弧線逆向分層往上。軸右側有幾條弧線從下到上與層相反。這是典型的；設計模式形成階層結構。因為大部分是左側弧線（從上到下的關係）和很少的右側弧線（從下到上的關係，與模式所給的方向相反），所以設計模式在這個系統中得到了很好的實作。

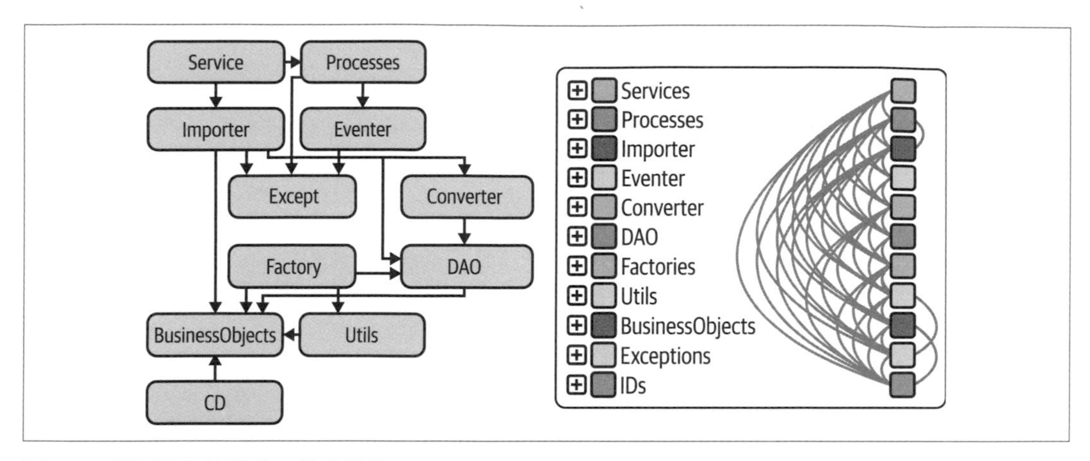

圖 4-5　類別層次的模式 = 模式語言

檢查原始程式碼中的模式，通常是架構審查中最令人興奮的部分。在這裡，你必須掌握開發團隊真正工作的水準。實作各個模式的類別，通常分佈在套件或目錄中。藉由對圖 4-5 右側中所顯示的模式進行建模，可以使架構的這個層次變得顯而易見和可分析的。

模式一致性不能像階層那樣直接測量，但在下一節，我們將編譯一些用於評估 MMI 中模式一致性的測量。

計算 MMI

MMI 是從各種標準和指標計算的，我們試圖用這些標準和指標來映射模組化、階層和模式一致性這三個原則。在 MMI 總體的計算中，這三個原則都以一個百分比表示，並且具有用表 4-1 中的指示為它們計算的不同標準。模組化對 MMI 的影響最大，佔了 45%，這是因為模組化也是階層和模式一致性的基礎。這也是 MMI 採用這個名稱的原因 [4]。

表 4-1 中的標準可以用指標工具、架構分析工具或審查者的判斷來確定（參考「取決於」欄）。有許多指標工具可以測量精確的數值，但為了 MMI 的可比較性，必須考慮特定工具中使用的每個指標的實作。審查者的判斷無法量測，而是由審查者酌情決定。架構分析工具是可以測量的，但在很大程度上取決於審查者的慧眼。

4　Lilienthal 所著的「Sustainable Software Architecture」。

在我的工作場所，審查者靠著與開發人員和架構師的討論來評估這些不可測量的標準，這在現場或遠程研討會中進行。我們也在架構分析工具的幫助下，從各種架構的觀點討論系統[5]。為了確保最大可能的相容性，我們總是成對的進行審查，然後在規模更大的架構審查小組中討論並確認結果。

表 4-1　模組化成熟度指數

類別	子類別	標準	取決於
1. 模組化（45%）			
	1.1. 領域和技術模組化（25%）		
		1.1.1. 將原始程式碼分配到領域模組佔總原始程式碼的百分比	架構分析工具
		1.1.2. 將原始程式碼分配到技術層佔總原始程式碼的百分比	架構分析工具
		1.1.3. 領域模組的大小關係 [（LoC max/LoC min）/ 數量]	指標工具
		1.1.4. 技術層的大小關係 [（LoC max/LoC min）/ 數量]	指標工具
		1.1.5. 領域模組、技術層、套件、類別有清楚的職責	審查者
		1.1.6. 透過套件 / 命名空間或專案映射技術層和領域模組	審查者
	1.2. 內部界面（10%）		
		1.2.1. 有界面的領域或技術模組（% 違規）	架構分析工具
		1.2.2. 透過套件 / 命名空間或專案映射內部界面	審查者
	1.3. 比例（10%）		
		1.3.1. 在大型類別中原始程式碼的百分比	指標工具
		1.3.2. 在大型方法中原始程式碼的百分比	指標工具
		1.3.3. 在大型套件中類別的百分比	指標工具
		1.3.4. 具有高循環複雜性系統中方法的百分比	指標工具

5　在我自己的分析中，我使用 Sotograph、Sonargraph、Lattix、Structure101 和 TeamScale。

類別	子類別	標準	取決於
2. 階層（30%）			
	2.1. 技術和領域層（15%）		
		2.1.1. 在技術層中架構違規數量（%）	架構分析工具
		2.1.2. 在領域模組層中架構違規數（%）	架構分析工具
	2.2. 類別和套件循環（15%）		
		2.2.1. 循環中的類別數（%）	指標工具
		2.2.2. 循環中的套件數（%）	指標工具
		2.2.3. 每個循環的類別數	指標工具
		2.2.4. 每個循環的套件數	指標工具
3. 模式一致性（25%）			
		3.1. 分配給模式的原始程式碼佔總原始程式碼的百分比	架構分析工具
		3.2. 模式的關係是非循環的（違規百分比）	架構分析工具
		3.3. 模式明確的映射（透過類別名稱、繼承或註釋）	審查者
		3.4. 領域和技術原始程式碼的分割（DDD、Quasar、Hexagonal）	審查者

MMI 的計算方法，是利用表 4-2 為每個標準確定 0 到 10 之間的分數。將每個分節得到的結果分數相加並除以表 4-1 中相關標準的數量，將結果用個別原則的百分比記錄在 MMI 中，這樣就可以確定 0 到 10 之間的分數。

表 4-2 MMI 詳細計算的說明

分節	0	1	2	3	4	5	6	7	8	9	10
1.1.1	<=54%	>54%	>58%	>62%	>66%	>70%	>74%	>78%	>82%	>86%	>90%
1.1.2	<=75%	>75%	>77.5%	>80%	>82.5%	>85%	>87.5%	>90%	>92.5%	>95%	>97.5%
1.1.3	>=7.5	<7.5	<5	<3.5	<2.5	<2	<1.5	<1.1	<0.85	<0.65	<0.5
1.1.4	>=16.5	<16.5	<11	<7.5	<5	<3.5	<2.5	<2	<1.5	<1.1	<0.85
1.1.5	否					部分的					是，全部

分節	0	1	2	3	4	5	6	7	8	9	10
1.1.6	否					部分的					是
1.2.1	>=6.5%	<6.5%	<4%	<2.5%	<1.5%	<1%	<0.65%	<0.4%	<0.15%	<0.25%	<0.1%
1.2.2	否					部分的					是
1.3.1	>=23%	<23%	<18%	<13.5%	<10.5%	<8%	<4.75%	<3.5%	<6%	<2.75%	<2%
1.3.2	>=23%	<23%	<18%	<13.5%	<10.5%	<8%	<6%	<4.75%	<3.5%	<2.75%	<2%
1.3.3	>=23%	<23%	<18%	<13.5%	<10.5%	<8%	<6%	<4.75%	<3.5%	<2.75%	<2%
1.3.4	>=3.6%	<3.6%	<2.6%	<1.9%	<1.4%	<1%	<0.75%	<0.5%	<0.4%	<0.3%	<0.2%
2.1.1	>=6.5%	<6.5%	<4%	<2.5%	<1.5%	<1%	<0.65%	<0.4%	<0.25%	<0.15%	<0.1%
2.1.2	>=14%	<14%	<9.6%	<6.5%	<4.5%	<3.2%	<2.25%	<1.5%	<1.1%	<0.75%	<0.5%
2.2.1	>=25%	<25%	<22.5%	<20%	<17.5%	<15%	<12.5%	<10%	<7.5%	<5%	<2.5%
2.2.2	>=50%	<50%	<45%	<40%	<35%	<30%	<25%	<20%	<15%	<10%	<5%
2.2.3	>=106	<106	<82	<62	<48	<37	<29	<22	<17	<13	<10
2.2.4	>=37	<37	<30	<24	<19	<15	<12	<10	<8	<6	<5
3.1	<=54.5%	>54.5%	>59%	>63.5%	>68%	>72.5%	>77%	>81.5%	>86%	>90.5%	>95%
3.2	>=7.5%	<7.5%	<5%	<3.5%	<2.5%	<2%	<1.5%	<1.1%	<0.85%	<0.65%	<0.5%
3.3	否					部分的					是
3.4	否					部分的					是

圖 4-6 顯示了我們在 5 年期間對選擇的 18 個軟體系統的評估（x 軸）。對於每個系統，規模以程式碼行數表示（點的大小），MMI 的範圍從 0 到 10（y 軸）。

如果一個系統的評等在 8 到 10 之間，那麼技術債務的分擔就很低，這系統是在低而穩定的維護和成本通道（來自圖 4-1）。在圖 4-6 中的系統評等在 4 到 8 之間，則已經收集了相當多的技術債務，對它需要有對應的重構以提高品質。評等在 4 分以下的系統只能用大量的工作來維持和擴展（參考圖 4-1 中高且不可預測維護成本的通道）。對於這些系統，必須小心的權衡是否值得經由重構來升級，或者是否應該更換系統。

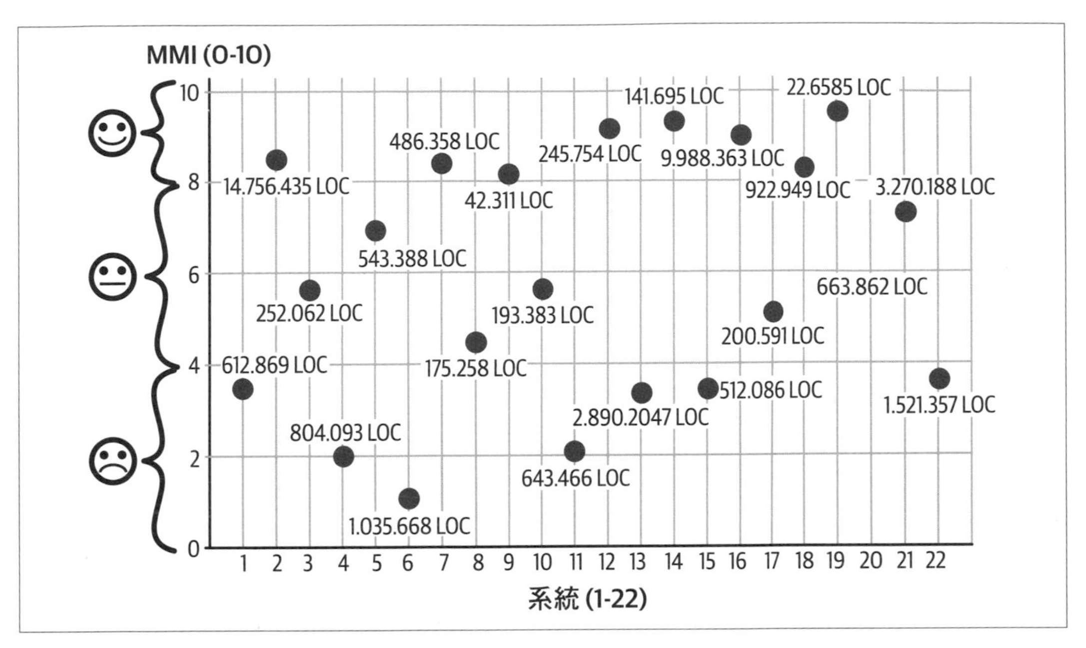

圖 4-6　不同系統的 MMI

確定 MMI 的架構審查

大多數開發團隊可以立即列舉他們正在開發的系統設計和架構債務清單，此清單是分析技術債務的好起點。為了弄清楚設計和架構債務的真相，建議進行架構分析。架構分析可以用來檢查計畫中的目標架構，在代表實際架構的原始程式碼中實作的程度（參考圖 4-7）。其中目標架構存在於紙上或架構師和開發人員頭腦中的架構計畫。現在有一些可用於這種目標與實際比較的好工具，包括 Lattix、Sotograph/SotoArc、Sonargraph、Structure101 和 TeamScale。

通常，原始程式碼中的實際架構與計畫中的目標架構不同，這是由很多原因造成的。偏差經常會在不經意間發生，因為開發環境只提供對目前正在處理的原始程式碼的局部洞察力，而未提供概觀；開發團隊缺乏對架構的了解也會導致這種影響。在其他情況下，因為團隊在時間的壓力下而且需要快速的解決方案，因此會故意產生目標與實際架構之間的偏差，然後必要的重構將被無限期推遲。

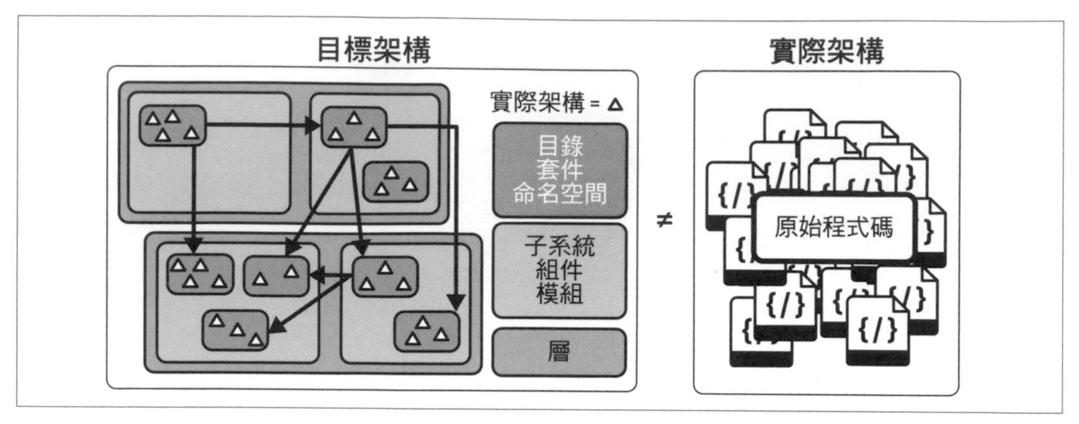

圖 4-7　目標和實際架構審查

圖 4-8 顯示了識別技術債務的架構分析序列，架構分析由審查者與系統的架構師和開發人員一起在研討會上進行。研討會開始的時候，用分析工具（1）解析系統原始程式碼，並記錄實際的架構。現在目標架構以實際架構為模型，因此可以比較目標和實際架構（2）。

技術債務變得顯而可見，審查者與開發團隊一起尋找如何透過重構將實際架構調整為目標架構的簡單解決方案（3）。或者審查者和開發團隊在討論中發現，原始程式碼中選擇的解決方案比原計畫更好。

然而，有時候目標架構和偏離的實際架構都不是最好的解決方案，審查者和開發團隊必須合作為架構設計新的目標圖像。在這樣的架構審查過程中，審查者和開發團隊收集技術債務和可能的重構（4）。最後，我們查看不同的指標（5）以找出更多的技術債務，像是大型類別、太緊密的耦合、循環等。

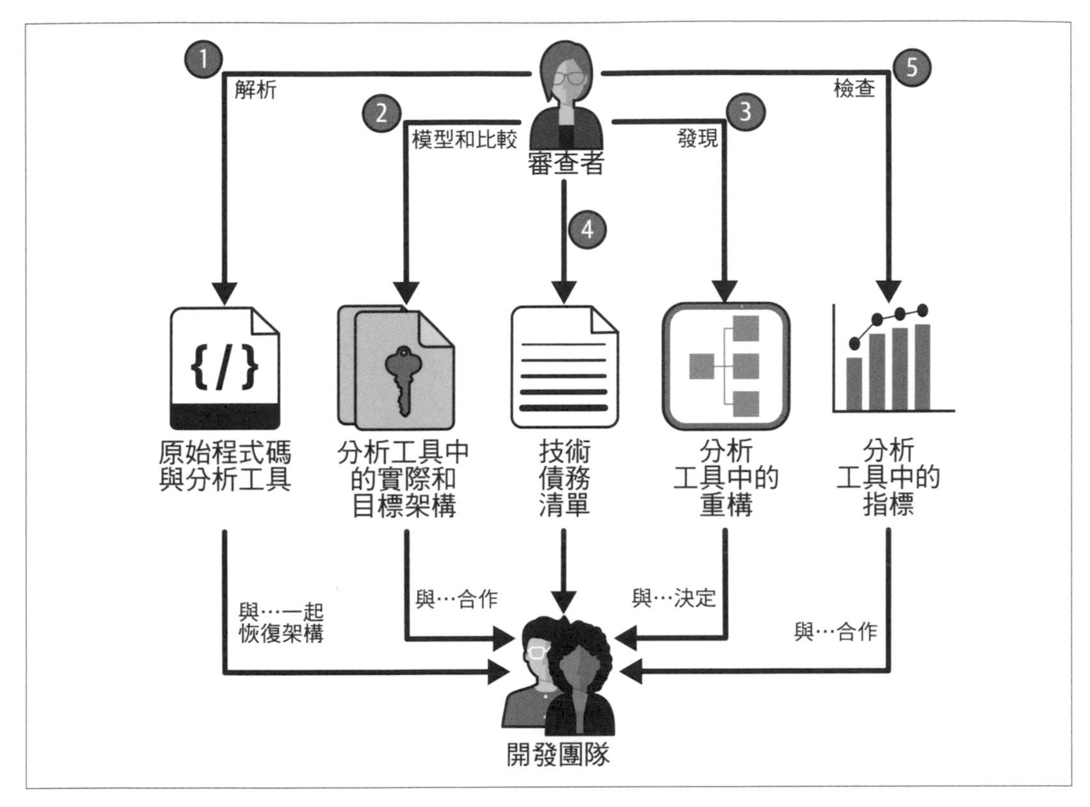

圖 4-8　確定 MMI 的架構審查

結論

MMI 決定一個遺留系統中技術債務的程度。根據模組化、階層和模式一致性等面向的結果，可以決定是否需要重構或取代系統的可能。如果結果小於 4，則必須考慮用技術債務較少的不同系統取代這個系統是否有意義。如果系統在 4 到 8 之間，更新通常比取代要便宜。在這種情況下，團隊應該與審查者一起合作定義和優先考慮減少技術債務的重構。一步一步地，這些重構必須被規劃到系統的維護或擴展中，並且必須定期檢查結果。在這樣的方式下，系統可以逐漸轉移到「持續努力維護」的範圍。

MMI 超過 8 的系統讓審查者感到很滿意。通常，我們注意到團隊和他們的架構師都做得很好，並為他們的架構感到自豪。在這種情況下，我們非常高興能夠用 MMI 對工作進行積極的評價。

第五章

私有建構和指標：挺過 DevOps 過渡期的工具

Christian Ciceri

許多人認為軟體架構是一門手藝，但我更常將它視為一門科學；科學家傾向於測量事物作為進一步推理的基礎。即使你不能得到精確的數值，軟體架構的數學方法也依賴於可測量的數量，像是指標和指示器。有時候，這種方法取決於在給定的情況下哪些指標有意義，哪些指標沒有意義。你如何確保你的 KPI 能提供你組織所需要的資訊，以對於如何投入時間和精力作出決策？

要得到出色的指標需要一個組裝良好的系統和大量的工作。但事實是，你可能不在一個組裝良好的系統下工作，或者你的組織可能還沒有付出努力以在 DevOps 最佳實踐的基礎下得到出色指標。DevOps 是一種文化轉變，它的概念很容易被誤解，而且組織也並不總是保證完全採用最佳的實踐。即使這是目標，學習和實作最佳的實踐也是一個需要時間的過程。現實並不總是最好的情況，標準指標也並不總是能反映出真正的問題。

那麼當你要實作最佳的實踐，但你的組織還沒有準備好的時候，你能做些什麼呢？在這些不太理想的情況下，我認為擁有一組可以幫助你「挺過」過渡期並保持高效率的實踐和指標仍然有用而且重要。這就是本章的內容。

我將向你展示一些在實際條件下進行的真實專案的案例研究——並舉例說明利用私有建構和指標來幫助你完成任務。當你處理以下問題的時候，你將會看到指標和私有建構是如何提供幫助的：

- DevOps 和 QA 團隊之間的脫節
- 無效的回饋循環

- 在不是真正的理解下過度依賴自動化
- 對驗證和自動化失去所有權的意識

作為一名顧問，我一再地看到這些和其他的「反模式」。它們並不理想，但它們肯定不是特殊的。本章所介紹的指標，可以幫助處於類似情況下的團隊確定他們需求的優先考慮順序，並為改善開發的過程繪製路線圖而不會帶來太多痛苦。

關鍵術語

敏捷運動的興起，特別是極限程式設計（XP），將開發世界的焦點轉移到了自動化上。Martin Fowler 在 2011 年清楚地解釋了它背後的理念[1]，即「傷害」（就是花費大量時間或精力）的活動應該盡可能頻繁地進行，以獲得更多的回饋和實踐，並將工作分解成更小的區塊。這樣的活動應被視為自動化的候選者[2]。

CI/CD

Fowler 在 2006 年還主張支持持續整合（CI），他將這定義為一種開發的*實踐*：「持續整合是一種軟體開發的實踐，團隊成員經常整合他們的工作。通常每個人至少每天都會整合——導致每天會進行多次的整合。每個整合都藉由自動化的建構（包括測試）驗證，以盡快檢測出整合錯誤。[3]」

Fowler 將 CI 的方法論作為一組實踐繼續討論，其中之一是自動化。自動化也*支援*日常的開發活動。就如同我將在本章後面討論的那樣，這裡的關鍵點是避免破壞這個共享的建構 / 程式碼行。

持續整合的概念已經擴展到包括了持續交付（CD），通常合起來稱為 CI/CD[4]。CI 只作為這個過程的*第一個*部分，通常只涉及開發團隊。軟體交付是一個複雜的過程，涉及了利益相關者和其他技術團隊（像是操作和品質保證）。CD 將它們全都聚集在自動化的軌道上。即便如此，自動化也只是*支援*這些過程。

---

1 Martin Fowler, "FrequencyReducesDifficulty," *MartinFowler.com*, July 28, 2011。

2 當然，自動化不只是與這些活動有關，而且它們是一個起始點的良好指示器。

3 Martin Fowler, "Continuous Integration," *MartinFowler.com*, May 1, 2006。

4 在 CI/CD 中，CD 可以表示持續交付或持續部署（*https://oreil.ly/URy9a*）。CD 在這裡用做**持續交付**。你可以在 Fowler 的部落格（*https://oreil.ly/8Isic*）上了解到關於這兩個概念之間更多的差異。

弄清楚 CI/CD 在這裡是如何工作的很重要，這樣你就可以跟隨著案例研究，所以讓我更深入的探究一下更多細節。因為現代的軟體通常被分割為一些組件，交付管道的後期階段通常涉及了執行複雜的交互測試，以驗證沒有任何故障。這些驗證可以自動或手動地執行。對這兩種情形，你越晚發現缺陷，修復它的成本可能就會越高。極端的情況是最終使用者反映產品中的缺陷；當發生這種情況的時候，支援團隊就會加入：必須對缺陷提出報告以及可能的分類，並根據問題的緊迫性計劃修復。

如果直到生產時才發現缺陷，它可能會損害組織的聲譽。最終使用者可能會對有缺陷的功能感到失望，特別是當它對他們或他們的業務帶來嚴重後果的時候。與另一個極端情況相比——在本地開發環境中及早發現並修復缺陷，甚至是在共享主線上檢查之前——在這過程的後期處理缺陷的整個過程是無效率的。

DevOps

DevOps 是「開發和操作合作」的混合名詞，由 Patrick Debois 在 2009 年提出，並因成為 Twitter 上的主題標籤而普及。它的想法是移除開發人員和操作 / 系統管理者兩個世界之間傳統的「孤島」隔離。它也是敏捷概念的延伸，即減少從引入問題到問題被發現的時間。

DevOps 的一些主要概念包括：

過程

系統管理者和操作團隊應該完全整合到開發團隊中。CI/CD 認為程式碼應該始終保持在可以交付的狀態。

工具

負責應用程式可以交付狀態的團隊，也要負責選擇適合這工作的工具。這意味著開發人員和操作人員決定並共享整個工具鏈。

文化

操作和開發團隊的工作方式必須一致。例如，操作部分也需要放在版本控制系統中，就像程式碼一樣（檢查**基礎架構即程式碼**和所有周邊的概念）。出自開發團隊的自動化，像是自動化測試或「私有建構」，必須藉由自動化環境、部署和執行時的自我檢查，以安置在更廣泛的背景中。

文化是 DevOps 帶給軟體行業的最大變革。這種工作方式意味著開發人員和操作人員都必須跨越他們的專業界限：開發人員必須了解軟體執行的環境，而且能夠檢測和修復自動化和系統腳本中的問題。操作人員和系統管理者需要了解程式碼的編寫方式，解決方案的架構，甚至是一些關鍵點。他們應該能夠編寫單元測試並能進行程式碼除錯。他們應該「擁有」可支援性，要求開發團隊應用日誌記錄和自我檢查的策略。

總而言之，DevOps 的主要重點是一些工具和自動化都應該遵循的*文化*。

「所有權轉移」

在理想情況下，團隊擁有他們所有的管道，且 DevOps 文化也已經完全到位，並且沒有阻礙溝通的孤島，團隊建構和執行他們自己的程式碼。

然而，DevOps 的理想與它實際實作之間通常存有很大的差距。在許多組織中，DevOps 不再與文化有關——更常看到人用這個術語來表示像「現代系統管理者」。「現代系統管理者」角色的職務清單需要操作的技能，像是自動化工具和系統腳本，但很少要求開發領域的紮實知識。擔任這種角色的人花費大量時間建構和維護自動化，以至於「DevOps」一詞經常成為有自己單據工作流程的結構自動化團隊的名稱。同時，開發團隊幾乎不知道在哪裡以及如何進行部署。他們從自動化工作流程中分離，但驗證卻被委託給他們；QA 團隊也是單獨地運作。這只是將孤島帶回來，重新引入了本地開發環境和生產環境之間的「環境不匹配」；我將這種反模式稱為*所有權轉移*。

再次增加本地環境的自主權

Martin Fowler 對重要 CI 實踐的一句話被引用了很多次：「立即修復損壞的建構。[5]」在理想的 DevOps 世界中，這是好的建議。但是所有權轉移的一個結論是開發團隊不再擁有建構管道的機制。事實上，Fowler 的原則有一些假設，在不太理想的 DevOps 文化中，這些假設沒有一個是自動給定的。例如，它假設：

- 中斷建構的唯一方法是在程式碼庫中引入更改——也就是說，引入到主幹（或版本控制系統中的開發主線）的應用程式的原始程式碼中，而不是引入到腳本的基礎架構；因此，你只透過更改程式碼庫就可以修復建構。
- 團隊成員知道如何自主地對建構問題除錯，並具有必要的存取和許可以便修復建構問題。

5 Fowler, “Continuous Integration,” *https://oreil.ly/WXFrv*。

我在這裡討論的現實中，很少重視這些假設。當建構出問題且原因在程式碼庫中並不明顯時，開發團隊對自動化幾乎沒有控制權。他們可能會將問題交給「DevOps 團隊」，而 DevOps 團隊會根據自己的排程和優先順序處理單據。交付的過程受阻，獨立的 QA 部門無法檢視最新版本，因此這軟體無法交付。

這裡概念上的錯誤是將 CI/CD 管道（圖 5-1）或一般的轉移自動化，當成驗證過程的核心。由於所有權轉移，如果你將所有驗證都委託給自動化，那很可能會遭遇到我剛才所列出的這些低效率和風險。

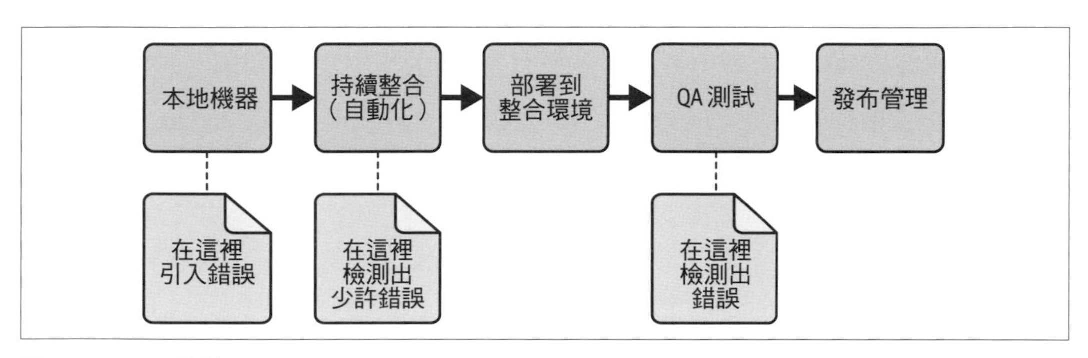

圖 5-1　CI/CD 管道

自動化是使驗證成為廉價且可重複過程的必要步驟，這並**不**意味著它在開發過程之外。我的建議是將驗證的重點轉移到出現問題的地方：本地開發環境（所謂**本地**，我指的是通常發生更改的環境——它不一定是開發人員的機器，即使這是一個常見且方便的選擇）。

私有建構

Paul M. Duvall、Steve Matyas 和 Andrew Glover 在他們所著的《*Continuous Integration*》一書中介紹了「私有建構」的概念。他們認為「為防止建構出問題，開發人員應該在完成單元測試後在他本地的工作站 IDE 上模擬整合建構。[6]」他們繼續指出，「這個建構允許將你新工作中的軟體與所有其他開發人員工作中的軟體整合，從版本控制存儲庫中獲得更改，並使用最近的更改成功建構在本地機器上。因此，每個開發人員提交的程式碼都對更大的利益做出貢獻，程式碼在整合建構伺服器上較不可能失敗。[7]」

6 Paul M. Duvall, Steve Matyas, and Andrew Glover, *Continuous Integration: Improving Software Quality and Reducing Risk* (Addison-Wesley, 2007), p. 42。

7 Duvall, Matyas, and Glover, *Continuous Integration*, p. 42。

私有建構的**目的在實現自動化**，但因為自動化由「DevOps 團隊」擁有，而該團隊有它自己的環境和排程，因此現在並不太常見。這也是因為通常沒有可以在本地機器上很容易執行的共享整合測試腳本。

即使有像容器以及易於標準化的建構工具等技術的協助，因為每個平台仍然有它自己的特定問題，所以自動化也很困難。例如：

- 必須仔細選擇執行整合測試的資料集，這可能需要和 QA 部門持續地溝通。
- 資料控制的機制尚未有效的標準化。
- 當有資料庫遷移的話，必須在建構過程中自動執行，執行方式通常與它們對應的生產機制不同。
- 就像在現代微服務架構中一樣，應用程式通常是組件化的。組件需要有像是訊息代理這樣複雜的通訊頻道。
- 一些像是 E2E 測試這樣的測試，很難在本地機器上編寫程式和執行（並且可能導致明顯朝向 QA 團隊的「所有權轉移」）。

這些只是為什麼完全自動化的私有建構通常會具有挑戰性的一些原因，但這個概念仍然是有價值的。記住私有建構的**目標**很重要：防止問題進入公共的程式碼庫、主幹或進一步的驗證步驟（自動或手動的）（參考圖 5-2 用私有建構啟動 CI/CD 管道的視覺化）。

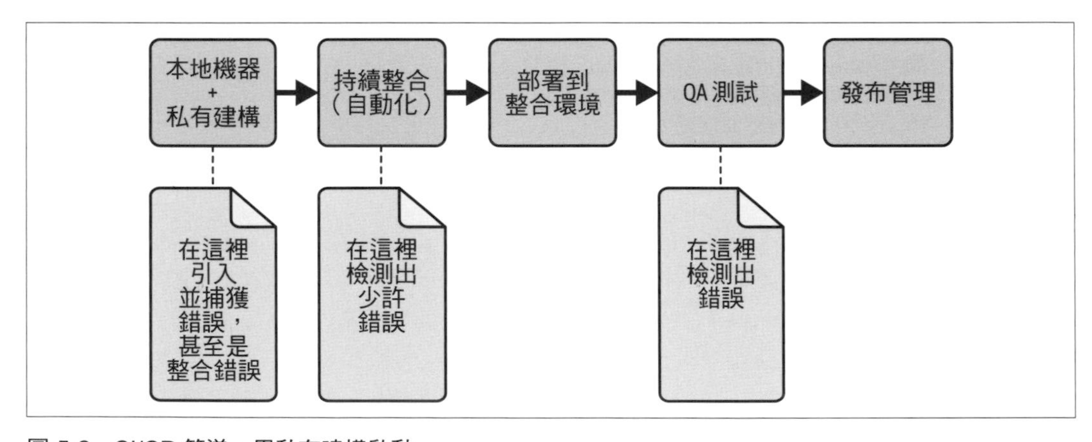

圖 5-2 CI/CD 管道，用私有建構啟動

如果私有建構的某些步驟不能自動化，你將不得不手動的執行這些步驟，至少是暫時的（我並不是說這是最好的方法，但能手動總比沒有好！）。無論是否自動化，私有建構仍然是軟體開發生命週期中的必要步驟。

私有建構可以在開發機器或一些像是專用雲端環境般的專用基礎架構上**本地**執行。開發的環境可能不是實體機器，或甚至不是完整的作業系統。**方便的**本地環境是在開發人員完全控制下的環境——通常是開發人員的機器，以便他們可以快速並輕鬆地驗證更改。

但是，關於私有建構重要的是要記住它們是**私有的**[8]。也就是說，它們是在更改進入共享主線之前在專用的環境中執行。關鍵是要避免發布可能破壞共享建構或一般主幹的更改。

案例研究：不穩定的主幹

A 公司擁有所謂的多專業的團隊，但該公司的敏捷實踐尚未成熟，所以團隊在敏捷意義上並不是多專業的。這個團隊在可變長度的迭代中工作，團隊的成員分別代表不同的前端、後端、數據資料庫管理（DBA）、DevOps 和 QA 團隊。

QA 團隊的一名成員回報說，每次他們測試最新的版本時，軟體都有問題。更重要的是，他們說，在新的軟體版本中引入修復程序需要花費很長的時間。團隊決定進行根本原因的分析，審查每個子團隊的所有程序。他們建立了一個表格來記錄 QA 成員抱怨最重要的各個面向，如表 5-1 所示。

表 5-1　錯誤分析

錯誤	組件	可以避免嗎？	容易自動化嗎？	由什麼引起的？
A1	前端	不是	不是	來自伺服器未檢查、未定義的數值
A2	後端	是的（缺少測試）	是的	不符合 API 的資料類型
A3	與真實資料的整合	不是	是的	作為極端案例的真實資料格式
A4	整合	不是	不是	向後相容性的問題

這個團隊決定專注在他們所謂的**不可避免的錯誤**：那些已經無法避免的。

8 我不使用**個人**這個字來代替**私有**，儘管這個字更能表達它的涵義，只是因為根據定義，個人的只是指一個人的，而你可能正在應用成對或群組的程式設計。無論如何，當我們將個人的環境當成將程式碼發布到共享主線的環境時，可以說私有建構也可以稱為個人建構。

錯誤 A1

團隊發現錯誤 A1 被簽入（發布到主幹）而沒有被抓出來，是因為前端開發人員在本地機器上用「穩定的」後端 API 測試他們的程式碼。這是避免遇到 API 變更的合理方式；而且，無論如何，前端開發人員並不確切知道如何管理後端 API 和測試資料。然而，如果他們在簽入之前一直在執行最新版的後端 API，他們應該可以很容易地檢測到這個問題。

團隊決定教導它的前端、DBA 和 DevOps 成員如何在本地機器上管理整個後端環境，包括了管理和驗證更新（從目前主幹接收和整合其他團隊成員的程式碼更改，類似於 Git 的下載更新）。學習者抱怨本地環境的管理很複雜——他們說沒有參考資料和本地資料庫的執行很麻煩。雖然前端團隊找到了一些創新的方法來減少挫折感，但對於後端錯誤和 API 穩定性仍然存有抱怨。

錯誤 A2

事實證明，後端團隊沒有自動化的測試來檢查 API 合約。他們的開發週期通常是面向測試驅動的開發（TDD）：他們編寫單元和整合測試，編譯它們，執行它們，並檢查是否一切正常；然後他們自信地簽入他們的程式碼。後端團隊成員指出，在專案的這個階段沒有時間或空間引入 API 合約測試。他們認為，在本地測試前端和後端的組件將有利於錯誤檢測，因為所涉及的手動使用案例有限制而且容易執行。

他們要求前端團隊向他們展示如何在本地機器上設置前端環境。他們承諾使用共享的手動測試案例執行私有建構，以確保至少在有進一步自動化的空間之前 API 的穩定性。

錯誤 A3

到目前為止，前端和後端人員已經確定了一種每次更新時，在本地環境中使用新版本的測試資料，手動測試應用程式的方法。然而，很快地他們開始抱怨測試資料的穩定性，並經常回報令人困惑和明顯不穩定的錯誤。他們必須花時間進行困難的除錯，最終才明白引入了新的、有錯誤的資料。

他們要求 DBA 設置本地環境，並在簽入之前在本地執行手動的測試套件，作為手動的私有建構。DBA 在每次資料更改時，在從存儲庫中下載更新的前後都要執行測試。當他們發現資料不相容的時候，DBA 分別和後端開發人員通訊。後端成員編寫了一個能揭露出不相容性的整合測試，然後修復這個問題。當他們簽入資料和修復之後，主幹就會保持穩定。

錯誤 A4

在手動私有建構到位之後，所有團隊成員都開始捕捉整合錯誤。而 QA 成員則致力於功能檢查和管理應用程式的版本。現在的部署更加穩定，所需的修復也明顯減少。但是，因為自動化仍然不受控制，所以測試修復仍然需要很長時間。QA 成員決定要求 DevOps 改善部署時間；同時，他們要求團隊的其他成員提供本地開發環境，這樣就算沒有最終部署的版本，他們也可以繼續進行功能驗證。本地環境也能幫助他們更深入地了解可能出現的問題，並更準確地回報問題。透過本地環境的控制，QA 成員有更多進行主動活動的空間，並且可以開始為 E2E 的測試編寫自動化程序。

團隊更新了他們的錯誤分析表（表 5-2）以顯示結果。

表 5-2　變更的錯誤分析

錯誤	組件	可以避免嗎？	容易自動化嗎？	由什麼引起的？
A1	前端	是的	進行中	來自伺服器未檢查、未定義的數值
A2	後端	是的	是的	不符合 API 的資料類型
A3	與真實資料的整合	是的	是的	作為極端案例的真實資料格式
A4	整合	是的	不是	向後相容性的問題

如表所示，各種問題會定期引入到系統中。你可以在合併到主分支之前藉由在本地執行私有建構來減少它們的數量，確保上傳的程式碼不會破壞主幹的穩定。不管你屬於哪個團隊，根據我的經驗，執行自己的建構以確保至少你那部分的功能可以作用並且不會破壞整體，這樣會更有效。

案例研究：受到阻礙的顧問

一家諮詢公司與 B 公司合作中，B 公司是一家接受新方法並推動自動化的大型著名軟體公司。B 公司內部 DevOps 團隊正在自動化交付的管道，這管道很複雜而且仍在建構中。

諮詢公司的開發人員開始交付功能，但他們所依賴部署測試環境的自動化並不穩定。通常，當他們簽入的時候，所得到的測試部署無法作用。此外，他們沒有辦法對可能的整合問題除錯。

在與 B 公司的團隊討論中，顧問們發現了一些問題，包括了以下的內容：

- 測試資料已經更改。
- 執行資料庫遷移的機制被暫時關閉。
- 執行後端的容器可能因為系統上的問題而不斷地重新啟動。
- 其他組件所依賴的某些組件因為遷移到另一個雲端系統而暫時關機。

因為發現和管理這些問題大大減緩了他們的速度，所以在第一次開發的迭代中，團隊幾乎無法交付任何功能上的增進。在第二次迭代中，他們正式要求提供專用的測試環境。

像往常一樣，這要求被接受，但實現它會干擾到分離的 DevOps 團隊的排程。他們估計建置新環境需要兩週的時間，這歸咎於內部的官僚體制。與此同時，開發團隊不知道如何掃除自己的障礙。他們開始只依據單元 / 整合測試來交付功能。

在諮詢公司交付第一次迭代的成果後，B 公司內部的利益相關者抱怨這成果的功能，特別是缺少了極端案例，還有一些會影響與其他服務整合的嚴重錯誤。開發團隊（由顧問和 B 公司的員工組成）正在使用組件 / 合約 API 測試來防止這些問題，但內部的 DevOps 團隊太忙了，無法將他們整合到管道中。

在第二次迭代的期間，已經編寫了 API 測試但尚未執行到管道中。這個過程在交付速度和品質方面沒有效率，而且沒有什麼變更；甚至對修復也沒有什麼保證。開發團隊決定進行全面的分析，以發現真正的問題並研究可能的解決方案。

由於 B 公司的現況不太可能立即改變，因此他們需要一個權宜之計的解決方案。他們同意不執行 API 測試，因此沒有維護。他們決定每次更新的**前後**，在本地機器上開始**手動**執行所有 API 測試。

這個決定是有關不依賴不受控制的自動化，而且使他們回到他們的本地環境：私有建構。同樣地，他們向自己承諾，他們將很快地自動化執行測試，但現在他們靠的是這個過程。儘管如此，整合錯誤和功能性的極端案例仍然超出了範圍。

現在已經確信私有建構是最好的途徑，團隊決定將相同的原則應用到其餘的驗證上。問題是應用程式強烈地依賴於外部的服務。因此他們決定建構他們無法依賴外部服務的**假複製品**，以便能夠可靠地測試應用程式。

在第三次迭代中，開發團隊在本地檢查他們所有的干預，獨立於 B 公司的內部自動化。他們變得更快，他們的修復更有效，他們可以把時間花在自動化驗證上，而不是管理阻礙的事物。

總之，這個團隊藉由恢復他們對本地開發環境驗證的關注，實現了速度和可靠性。

指標

在這兩個案例研究中，團隊藉由增強本地環境的能力來對問題作出反應。他們接受了許多的妥協，像是花時間進行可以宣稱這「不是他們的責任」的手動測試上。他們**隱含地**評估了情況——根據指標。

你知道指標可以定性或定量使用；指標也可以直接或間接地接近它的目標。在本節中，我提出了一些在評估開發流程時需要考慮的指標。

回饋時間

單位：定性
類型：間接
測量：成本和上市時間

`Time to Feedback` 是測量接收新功能實作上回饋所需要的時間和努力的指標。它被認為是定性的，主要是因為要量化它將取決於具體的情況。事實上，在某些情況下，回饋需要的時間太長（緩慢的自動化），而在其他情況下，問題則是出自要找到合適的人接收正式的回饋。

有不同種類的功能回饋。回饋可能聚焦在整合問題或純粹的功能驗證上。它可以來自於利益相關者、API 的顧客和最終的使用者。根據經驗法則，開發團隊應該優先考慮會阻礙他們活動的回饋，像是在整合和 QA 上的回饋。

`Time to Feedback` 是一個間接的指標。它可以對問題發出警告，但不能對問題根本原因提供更深入的見解。長的功能回饋週期意味著過程中有問題，但並沒有指出問題到底是什麼。

在我們第一個案例研究中的 A 公司，尋找整合回饋的 QA 成員因為接收到可以避免的問題而不知所措。團隊在當時無法接收到工作上更快的回饋，這造成了主幹不穩定。在 B 公司的案例研究中，回饋週期被完全地委託，這干擾了日常的工作。

在每次迭代部署的應用程式中可避免的整合問題

單位：定性

類型：間接

測量：內部品質控制過程

這個指標計算了在部署軟體的每次迭代中發現的可避免或可迴避的問題，這些問題可以在透過自動或手動驗證的私有建構期間輕鬆檢測到。較低或減少的數值表示更成熟的過程，在部署應用程序之前捕獲整合錯誤的成功率更高。

更經典的指標是 `number of bugs found in QA`，但這裡的區別是對問題分類的閾值：它們可以很容易地藉由之前的驗證來避免的事實。一般而言，不應該將私有建構視為完美且完全的驗證。

一個好的規則是接受對 API 合約測試的檢查，以及對整體的重要功能範圍（像是登錄）、或受到更改影響的快樂路徑測試的檢查。這個指標是間接的，因為它需要分析它是否會影響到團隊的特定部分或是整個團隊。

每次迭代恢復主幹穩定性所花費的時間

單位：定量

類型：直接

測量：程式碼庫的穩定性以及團隊維護它的能力

這裡的**主幹穩定性**是指程式碼庫主線的穩定（或合理工作）狀態。當主幹不穩定的時候，通常是更新（Git 下載更新）在本地環境中損壞了應用程式的某些功能。

這個指標測量修復已簽入主幹而且本地機器更新後，執行私有建構時發現問題所花費的除錯時間；這個指標也包括修復損壞現有功能的問題所花費的時間。你可以藉由防止缺陷進入主幹來確保主幹的穩定性，或透過連續不斷修復它們來恢復主幹的穩定性。這個指標的意圖在測量恢復穩定性所需的努力。

這是一個**直接**的指標，因為它測量了在不引入功能的活動上所花費的時間（也就是成本）。與其他像是 `total debugging time` 或 `number of bugs` 等指標相比，它專門測量在本地私有建構中回歸的有效性。與一般關於回歸錯誤的指標不同，它考慮了在開發期間穩定主幹所花費的時間。

這個指標的結果可能表示在執行本地私有建構時缺乏紀律，如果本地開發環境未標準化或開發人員不完全理解它，就可能發生這種情況。它們也可能表示在測試中缺少自動化，在我們描述的情況下，這是非常期待的。

最後，主幹穩定性對實現穩定版本和發布所需的工作量有巨大的直接影響。說穿了，主幹穩定性是能夠持續部署軟體的因素之一。

私有建構的成本

開發人員對在驗證中重新授權本地環境的第一個反對意見是，這會損失他們的生產力和簽入頻率，因為這需要他們花更多時間來照顧本地環境。

這是一個合理的論點。然而，我的觀點是，執行私有建構所涉及的努力仍然遠遠低於持續穩定主幹、QA 往返和單據管理的成本。這是因為，就如廣泛記錄的那樣，從引入缺陷到檢測出缺陷所花的時間越長，修復缺陷所耗的成本就越呈指數的增長。此外，手動整合驗證應該是**暫時的**。整個團隊在他們發現自己在私有建構期間反復進行的活動，就應該迅速致力於自動化這些活動。（暫時的）手動測試階段應該接近於簡單和有針對性的「煙霧測試」，並且應該進行優化以保持盡可能便宜和容易。

實踐中的指標

本章的最後一節提供了一些範例，說明如何解釋上一節中所提出的指標。

回饋的時間高，可避免的整合問題多，主幹穩定的時間短

這是本節中最常見的組合。以 `Time to Feedback` 指標與 `Evitable Integration Issues` 協調使用，通常會暗示一個可能的根本原因。事實上，對 `Evitable Integration Issues` 的高測量值將支援回饋生命週期很長的假設，因為大多數驗證都被轉移到自動化和 QA 上。`Time for Trunk Stability` 的低測量值與 `Evitable Integration Issues` 的測量值相關，這可能表示被簽入主幹的錯誤在本地環境中並未被檢測出來。

為了確認或排除這個假設，你可以：

- 分析回報整合問題的「可迴避性」，例如在回顧性的會議期間分析。
- 確保團隊中的每個人都能夠在本地環境中執行完整的測試。

- 讓團隊分擔一系列要在簽入前執行（手動或自動）的最小功能測試。
- 要求團隊在執行私有建構時遵守紀律。
- 迭代。

回饋的時間短，可避免的整合問題多，主幹穩定的時間短

Time to Feedback 是一個定性的指標，所以有時候它會有偏差。對 Evitable Integration Issues 高的測量值將支持這個假設。如果是這樣的話，那情況和前一個就相同了。

如果 QA 團隊成員在處理大量工作負荷時效率很高，掩蓋了團隊其他成員本地驗證的低效率，也會出現這種情況。在這種情況下，應該要求團隊其他成員更有紀律。

回饋的時間長，可避免的整合問題少，主幹穩定的時間短

因為 Time to Feedback 是一個間接指標，因此需要進一步的分析。其他兩個指標的低測量值可能表示兩種完全相反的情況。

第一個是令人不滿意的一般 QA 過程，在交付過程中很晚才發現錯誤。這可能是由於整體的檢測過程效率低、自動化緩慢或不存在、或是兩個現象都有。要排除這種假設，你需要查看其他的指標，像是客戶滿意度和每次迭代所引入的錯誤數量。

第二種可能的情況是主幹的穩定性高和有適當的程序，但官僚體制、DevOps 團隊的排程和不堪重負的 QA 團隊都導致了自動化和 QA 回饋的延遲。由於開發團隊在保持主幹的穩定性方面早已經非常有效率，所以這種情況要透過迅速消除開發、DevOps 和 QA 團隊之間的障礙來處理。

可避免的整合問題少和主幹穩定的時間長

這種情況經常發生在有大量錯誤被簽入主幹，但在整合 /QA 環境中沒有顯示出來的時候。可能是一些團隊成員花費大量的時間修復錯誤，而另一些成員在執行私有建構時紀律較低和不夠積極主動。如果你發現團隊在保持主幹穩定方面的努力存在如此明顯的不平衡，請使用團隊的內部回顧性程序來解決它。

你可能想知道為什麼這個組合沒有提到 Time to Feedback。如果 Time to Feedback 的測量值很高，應該像你在上一段中對交付過程中低效率情況的分析般分析這個情況。

結論

在我們生活的不完美世界中，軟體組織並不一定是擁有所有最佳的實踐。原因有很多：也許是對如何實作它們存有誤解，採用它們的過程可能不完整、或者也許在組織中它的優先度不高。

本章特別關注了作為最佳實踐的 DevOps 文化，沒有很好地整合到開發團隊的情況。這對團隊的生產力以及最終對品質保證會產生負面影響。在這種情況下，重要的是要彌補因自動化和開發團隊的分離所造成的低效率和風險。

許多團隊在適應新方法或最佳實踐上失敗，因為他們試圖改變他們不知道沒有作用的東西。只有當你了解情況，你才能進行改善並取得成果。

本章研究指標的目的是**檢測**所有權轉移是否有問題，並**有選擇地**對過程中的弱點採取行動。雖然軟體架構通常測量系統的「靜態」或「執行期」屬性，但本章的指標專注在建構軟體的**過程**（相對於設計或測量過程）。試圖評估一個經常被破壞的屬性，可能會導致你得到錯誤的系統架構結論。這就是為什麼主幹穩定性控制應該是軟體開發中的優先事項。

私有建構是採用更好的方法組織團隊整合的過程中「生存」下來的關鍵工具，同時也保持相當不錯的效率和品質。私有建構將錯誤和缺陷提交到版本控制系統中的機會最小化，只是稍後才發現它們效率會更低、成本和風險會更高。對於整合不同軟體組件相關的錯誤更是如此。

執行私有建構本身就是一個眾所周知的最佳實踐，但當自動化和驗證與開發團隊脫節時，它就變得至關重要。授權本地環境再次將交付工作軟體的責任，移回給開發團隊。在本地執行私有建構並密切注意指標，允許更快的交付週期、更便宜的開發過程和更好的軟體品質——即使在次優的情況下也是如此。

第六章

擴展組織：軟體架構的核心作用

João Rosa

我是社會技術系統和複雜性理論的學生。雖然我實質上是一名軟體工程師，但我喜歡人、技術和基礎過程交會點帶來的挑戰：**社會技術系統**。能夠對我所在系統做出貢獻並產生積極的影響，是讓我每天起床的原因。我相信技術長（CTO）和產品與技術長（CPTO）應該了解並對他們的社會技術系統做出貢獻，使他們周圍的人和團隊能夠在他們專業的領域中有超水準的發揮。

我透過擔任不同的角色，包括軟體工程師、經理、軟體架構師、顧問和 CTO，精煉了我軟體架構的實踐。我專注於改變人類生活的數位公司。更具體地說，我主要與已經證明他們的產品在市場上被接受，並希望擴展到多個市場或推出新產品的擴展規模的組織合作。我帶著我的「CTO 眼鏡」撰寫本章，從策略實作的角度談起，這樣我就可以將軟體架構和指標的概念——即如何測量你邁向目標的進展——與組織受到影響的其他部分聯繫起來。這種整體性的方法旨在為整個組織提供連貫的體驗，讓員工了解決策並得到始終在變化中軟體架構的支援（小心劇透：不，架構不是靜態的）。我希望這一章能有啟發的作用，因為它詳細地描述了一個虛構旅程，旅程中合成的人物「Anna」將軟體架構與指標聯繫起來。我不打算提供藍圖，因為每個背景都是獨一無二的，而是提供一種方法，你可以用它來精煉指標，並將指標與你自己的軟體架構決策聯繫起來。

想像有一位高級軟體工程師 Anna，她最近加入了一間擴展中名為 YourFinFreedom 的金融科技公司的產品工程部門。產品工程部門希望行動能夠更迅速，並為客戶提供更好品質的產品。Anna 覺得她很適合這間公司，而且她的技能也受到讚賞。

YourFinFreedom 的目標是利用歐盟最近的開放銀行立法（*https://oreil.ly/0FJKr*）（即所謂的第二號支付服務指令，或 *PSD2*）建立一項讓人能夠從金融服務的最優惠利率中受益的服務。公司座落於比利時，在比利時、荷蘭和盧森堡都有客戶群。他們想要擴展到歐盟的其他地區，因此他們的策略是在包括法國、德國和意大利等歐洲最大的國家提供服務。目前，*YourFinFreedom* 的服務遭遇到可用性問題，引起了最終使用者的抱怨。這些問題會影響到公司的成功。

這意味著這項服務需要比現在更有彈性，能與更多的金融供應商互動，並擴展規模以滿足預測的需求——同時還要改善產品的功能並提高它交付價值的速度。

有幾種商業力量在這裡會產生影響，它們全都會影響 YourFinFreedom 的軟體架構。當然，這是一個簡化的故事；每個背景都是獨一無二的，而且不同的力量總是會有影響（請參考圖 6-1）。

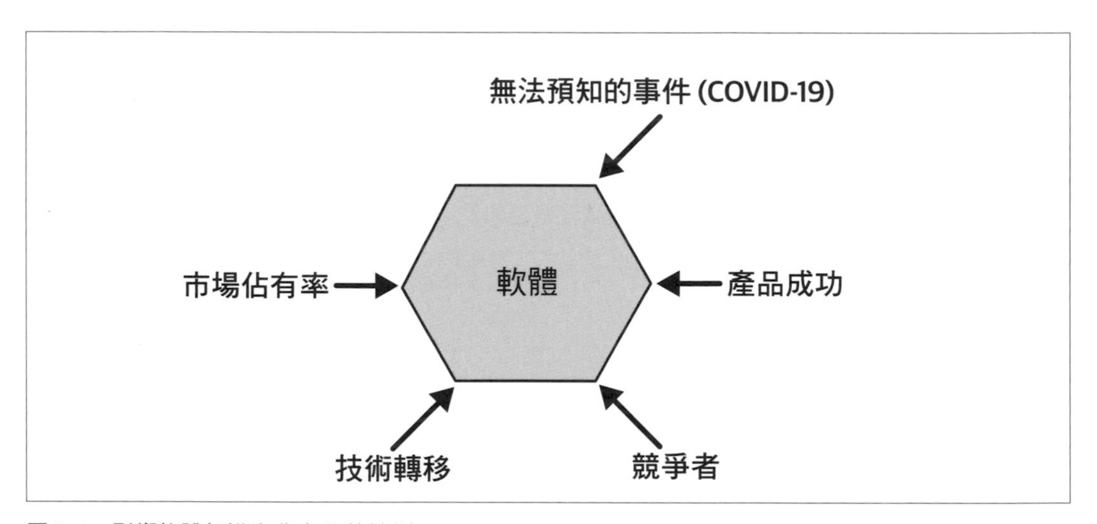

圖 6-1　影響軟體架構商業力量的範例

在我的整個職業生涯中，我觀察到軟體架構通常反映了兩個方面：公司的組織結構與人在這個結構中溝通的方式。前者是明確的，可以（通常）在公司的組織結構圖中找到；但後者是隱含的，而且人通常未意識到它會影響他們的工作，特別是對軟體架構的影響。當軟體架構不是有意的、並且沒有被引導到它應該解決的挑戰時，它將模仿人（也就是團隊和部門）的組織和溝通方式。這種現象被以研究它的 Mel Conway 命名為 Conway 定律。在 1968 年一篇標題為「How Do Committees Invent?」的論文中 Conway 寫道，「設計系統的組織（這裡指的是廣義的組織）被限制為複製這些組織溝通結構所產生的設計。[1]」

1　Melvin E. Conway, "How Do Committees Invent?" *Datamation* (April 1968): 31, *https://oreil.ly/qFpIM*。

YourFinFreedom 分解整體性架構

產品工程部門的負責人 *Keisha* 決定，加快行動的速度並提供更好品質產品的最好方法是建立微服務架構。現有的架構是一個整體性的架構，多年來隨著不同的功能和金融供應商的整合而增長。隨著部門轉變到這種新的架構風格，它將從 *3* 個團隊擴大到 *10* 個團隊，每個團隊都在自己的領域上工作。*Keisha* 相信，這種方法將使他們具有進入大型新歐洲市場所需要的規模。

經過了幾個月架構轉變的工作，*Anna* 覺得新的微服務架構不適合公司業務的需求，而且這個專案可能會使公司失去一些市場的機會。她向老闆 *Keisha* 提出了這個問題，但 *Keisha* 熱衷於繼續這個計畫並說服 *Anna* 贊同它。

讓我們專注於我在許多擴展中觀察到的兩個常見場景上（圖 6-2）：首先，我們將看看一個整體性架構的分解，然後我們將看看如何理解一個微服務的網絡。

整體性架構和微服務架構是不同的架構風格，團隊在擁有中央集中架構（整體性架構）和分散式架構（微服務）之間進行權衡。這種選擇對軟體架構是有意義的，因為它影響了團隊如何聚合對產品或服務至關重要的商業邏輯。

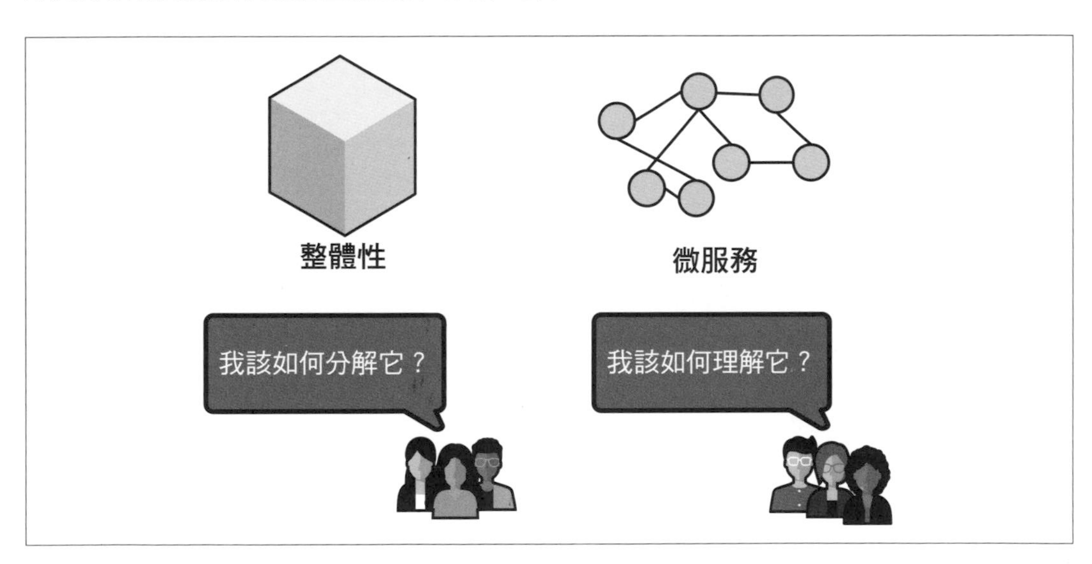

圖 6-2　整體性和微服務的共同挑戰

如果正確地實作，這些架構中的任何一個都可以是健全的。然而，基於從商業力量到技術炒作等不同的因素，整體性架構通常會不自覺地變成架構師所稱的**大泥球**，而微服務則不自覺地變成**分散的大泥球**（圖 6-3）。

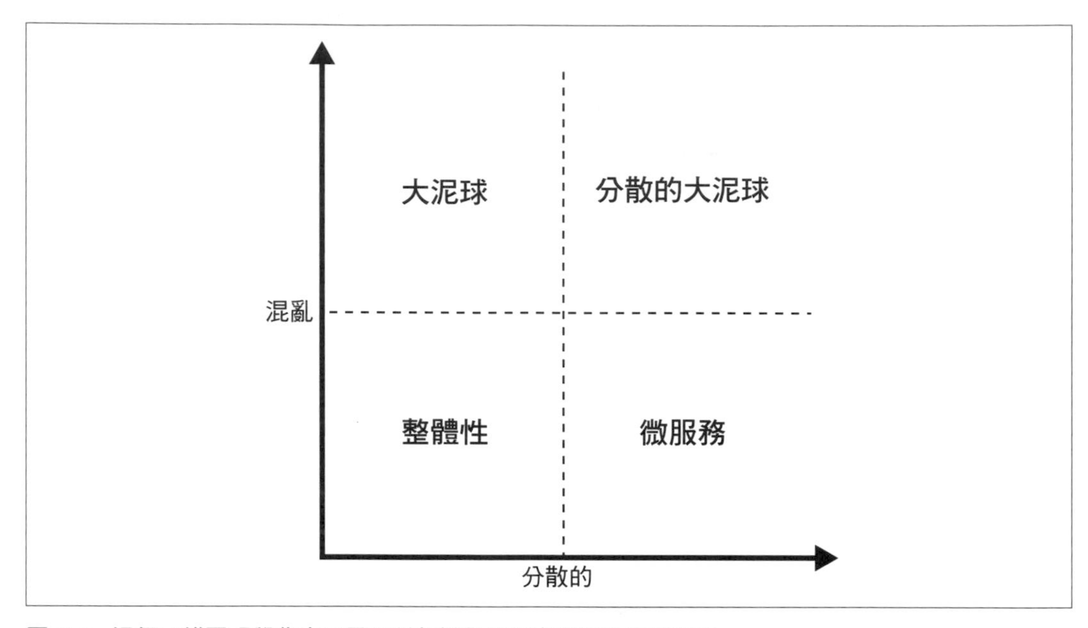

圖 6-3　這個二維圖視覺化表示了兩種架構風格和它們混亂的對應物

大泥球一詞由 Brian Foote 和 Joseph Yoder 於 1999 年所創造。他們介紹它是「結構雜亂的、參差不齊的、草率的、布膠帶和捆紮鋼絲的、意大利麵條式的程式碼叢林。[2]」在範圍的另一側，分散的大泥球具有相同的特徵，再加上一個新的特徵：它分散在網絡上，對方程式添加了更多複雜性。讓我用兩個例子和它們的後果來說明。

當一個組織擁有整體式架構並希望更快地將新功能推向市場時，它會僱用更多人加入產品工程團隊。這些人和團隊開始在現有的中央集中式架構上嘗試不同的解決方案，將**意外的複雜性**引入系統並造成一個大泥球。意外的複雜性可以理解為一些不完整的文件或未經測試的程式碼，以相依性的形式或非結構化的軟體設計所引入系統的複雜性，這些通常在產品工程團隊無法應對不同的商業力量時發生。如 Frederick Brooks 所指出的，意外的複雜性會產生連鎖反應，影響軟體的可維護性、可操作性和可更改性，最終使組織更難將新功能快速地推向市場[3]。

2　Brian Foote and Joseph Yoder, "Big Ball of Mud," *The Laputan Press*, June 26, 1999。

3　Frederick P. Brooks Jr., *The Mythical Man-Month: Essays on Software Engineering, Anniversary Edition* (Addison-Wesley, 1995)。

在範圍中的分散式大泥球這一邊，有人員和團隊試圖使微服務網絡合乎情理。這些系統通常對它們要解決的商業問題有些過度設計，以至於理解商業交易所需要的認知負荷超過了人腦的能力。Matthew Skelton 和 Manuel Pais 將一個人的認知負荷定義為「在任何給定的時刻下他們大腦可以保存多少資訊的限制。這同樣的會發生在任何一個團隊上，只需將所有團隊成員的認知能力相加即可。[4]」

實現分散式的大泥球

一年後，*YourFinFreedom* 擁有了包括整體式架構所剩下部分在內的大量不同的微服務，全都由 *10* 個產品工程團隊管理。然而，新的架構並沒有實現更快速地行動和為客戶提供更好品質產品的承諾。團隊並沒有達到預期的能力，旗艦產品也持續出現問題。

Anna 決定與 *Keisha* 和產品工程管理團隊的其他成員進行討論，說明團隊所面臨的日常障礙。包括以下幾點：

- 團隊必須在微服務之間進行發布協作，以將特定領域的功能投入生產。
- 不同的微服務之間存有功能的重疊，使得團隊很難取得所有權。
- 團隊沒有達到應有的生產力；*Anna* 指出，部門的優先順序不斷改變，造成大量工作被放棄。
- 產品的持續問題使員工的士氣受損並變得消極。
- 團隊成員不了解產品的方向以及他們如何能對產品做出貢獻。

Anna 提出了一個可能的解決方案：在架構中實作指標和明確的邊界，這可以為產品工程團隊提供他們需要的方向，同時允許軟體架構的演進，與公司擴展的雄心匹配。

經理們對 *Anna* 坦誠的說明和提出的解決方案感到滿意。他們都懷疑移向微服務並沒有實現它的承諾，現在他們意識到了在開始之前沒有正確地權衡利弊。*Keisha* 決定挑戰 *Anna*：她說，鑑於 *Anna* 在工程和領導方面的技能，她正考慮將 *Anna* 提升為部門內一個新解決方案架構師的職位。在這個新的職位上，*Anna* 將支援產品工程團隊的架構工作，並作為管理者來促進整個公司技術領域的一致性。*Keisha* 請 *Anna* 考慮接受這升職。

4 Matthew Skelton and Manuel Pais, *Team Topologies* (IT Revolution Press, 2019), p.11。

幾天後，Anna 接受了 Keisha 的提議，但有一個條件：她希望獲得與公司所有部門互動的充分授權，以了解他們面臨的挑戰。Keisha 同意了，而 Anna 覺得得到了支持。她職業生涯的新篇章開始了！

Anna 的部門正感受著分散式大泥球的痛苦，在她描繪即將發生的障礙反映了架構的意外複雜性。

YourFinFreedom 打算在架構風格之間轉移，從整體式架構移到微服務，如圖 6-4 中的第 1 條線所示。然而，由於沒有明確的指標指引方向，他們最後還是遵循了第 2 條線，這將他們引入了一個分散式大泥球。Anna 如何才能開始將事情引回到正確的路徑呢？

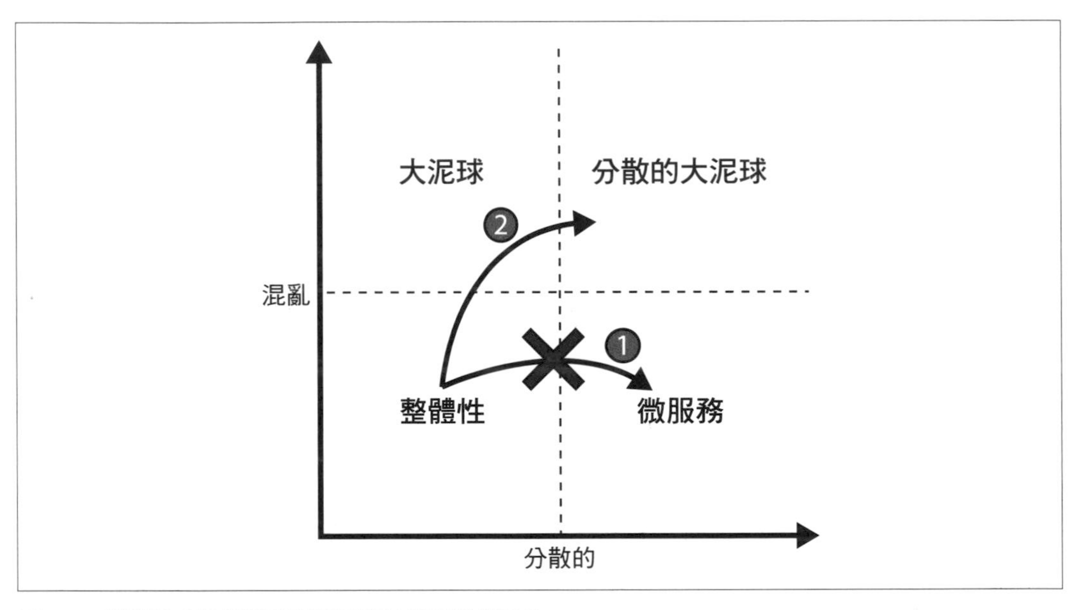

圖 6-4　從整體式架構轉移到微服務時的意外複雜性

尋找方向

Anna 被宣布晉升為解決方案架構師，她開始工作。為了更了解公司的發展方向，她開始與自己部門以外各種職務的人進行交談。她想要了解同事們日常的挑戰，以及這些挑戰與她的部門所建立和維護的軟體整個情況的關係。

在一次交談中，她了解到 YourFinFreedom 最近調整了公司的 KPI 以與公司的使命更能保持一致：「讓每個人、任何地方都能得到金融服務」。從公司的一般更新中，

Anna 還知道，公司高層管理者根據稅息折舊及攤銷前利潤（*EBITDA*）和客戶終生價值來指導活動。她對組織的新 *KPI*，即每月活躍使用者（*MAU*）很感興趣，這個 *KPI* 衡量一個月內有多少使用者與公司的服務和 / 或產品互動。這個 *KPI* 建立了一個來自所有措施（營銷、銷售、產品功能）的回饋循環，以吸引客戶。*Anna* 開始懷疑：這與軟體架構有什麼關聯？

軟體的存在是為了解決特定背景中的複雜問題。就如你剛剛讀到的，Anna 發現 YourFinFreedom 在組織層級的財務 KPI 旁邊有一個重要的 KPI（圖 6-5）。在現實生活中，某些版本的 MAU KPI 被社群媒體公司，以及對市場採取移動優先方法的公司廣泛使用。在擴大規模的背景中，MAU 允許公司用像是市場營銷、銷售、客戶聯絡中心或是產品或服務中的功能等能力來引導增長。

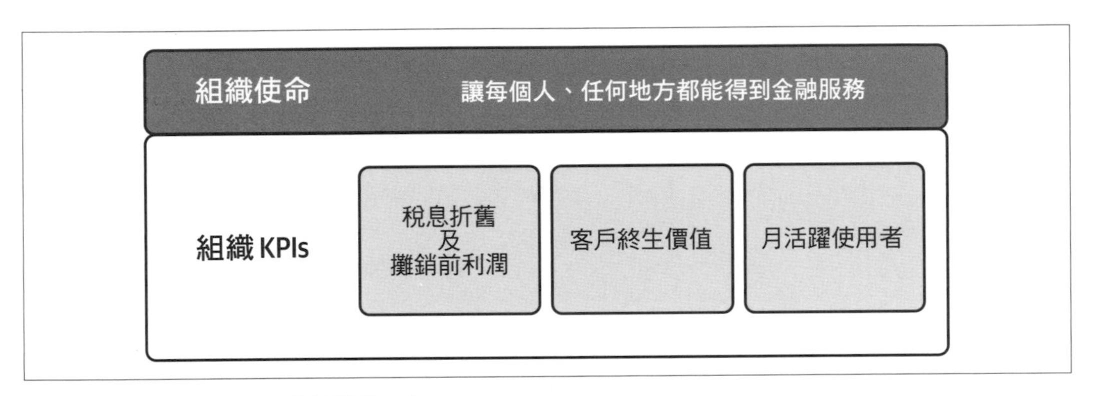

圖 6-5　YourFinFreedom 的組織使命和 KPI

一個組織的軟體架構需要與它的使命和 KPI 相關聯。如果 KPI 沒有明確定義或人員不理解它們，那麼軟體架構會與 KPI 不一致。這是 Conway 定律的一個典型例子，說明了溝通是如何影響軟體架構。軟體架構的存在是為了在不同軟體組件的責任之間建立邊界，並定義它們的交互作用。它應該重視組織和周圍環境（技術、人員、法規、市場等）目前的限制，同時使企業能夠更為敏捷。

從最大努力到刻意努力

在反思利益相關者的要求和產品目前架構的狀態時，*Anna* 注意到了一種模式。每個人都在「盡最大努力」的基礎上工作，試圖盡其所能地滿足對軟體的所有要求。她意識到在團隊中缺少軟體架構的一個重要品質：他們的決心應該是有意圖的。

Anna 接觸不同的軟體社群，以了解其他人是如何解決類似問題。她了解了 *EventStorming*，這是一種「用於合作探索複雜業務領域的靈活研討會形式[5]」，在領域驅動設計社群中廣泛的使用視覺化流程以及邊界和指標的推斷。她了解到，*EventStorming* 首先提供了不同責任領域背景的整個情況，然後請來自不同領域的專家分享他們的運作方式。她決定試一下，並學習如何促成一個研討會。

Anna 召集組織內不同領域的人員參加 *Big Picture EventStorming* 研討會[6]，研討會群組繪製了目前的業務流程。他們專注於業務事件的流程和順序，並建立邊界以顯示工作類型改變或流程結束的位置。他們輸出了視覺化的流程以及新興領域與它的邊界。

Anna 的研討會產生了類似於圖 *6-6* 的輸出，群組視覺化新興領域之間的關鍵領域事件（小方塊）。最重要的是了解建立軟體（和軟體架構）的目的，因此 *Anna* 的第一步是讓群組確定每個領域的業務邏輯。

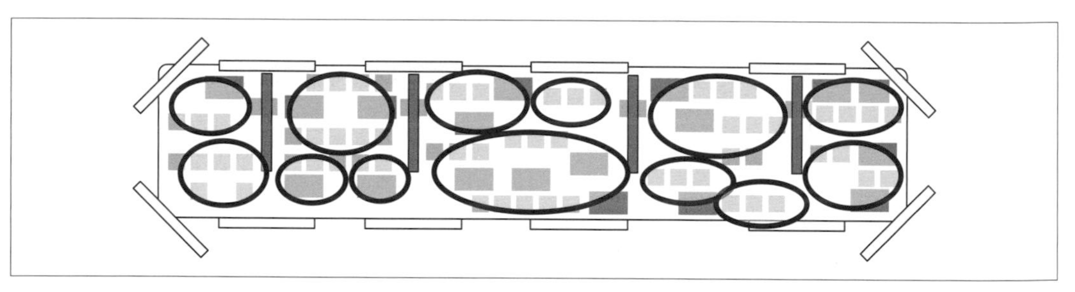

圖 6-6　有新興領域的 Big Picture EventStorming 輸出[7]

在研討會軟體工程師的幫助下，群組將目前的軟體組件繪製到他們的 *Big Picture EventStorming* 輸出上（圖 *6-7*）。當他們工作時，在流程和實作之間很明顯地存有不匹配——這說明了為什麼軟體架構已經不知不覺地陷入一個分散式大泥球。他們還繪製了這些組件的所有權，在這一點上，*Anna* 證實了她對團隊高認知負荷來自何處的懷疑。

5　"EventStorming," accessed May 11, 2022, *https://www.eventstorming.com*。

6　關於 EventStorming 過程的詳盡描述，超出了本章的範圍，請參考 Alberto Brandolini 在《*Domain-Driven Design: The First 15 Years*》(Leanpub, 2020) 上的文章，「Discovering Bounded Contexts with EventStorming」，37–53 頁。要了解關於這個以及其他視覺合作技術的更多訊息，請參考 Kenny Baas-Schwegler 和 João Rosa 合編的《*Visual Collaboration Tools*》(Leanpub, 2020)，它涵蓋了這些技術以及從業者的現場故事。

7　資料來源：Brandolini, "Discovering Bounded Contexts with EventStorming"。

將目前軟體的組件（微服務、整體式或任何介於兩者之間的任何東西）繪製到新興領域，可以讓群組評估目前事情的狀態——並了解為什麼 *YourFinFreedom* 架構的演進如此困難。他們可以看到新興領域上的軟體組件，以及這些組件的所有權（為簡單起見，圖 *6-7* 只顯示團隊 *A* 的所有權）。有了這個，他們就可以推斷出團隊的認知負荷。*Anna* 明白，擁有遍佈在整個環境中不同的軟體組件對任何團隊來說都是一個挑戰：他們需要來自不同領域的知識以理解建構和架構軟體的目的。

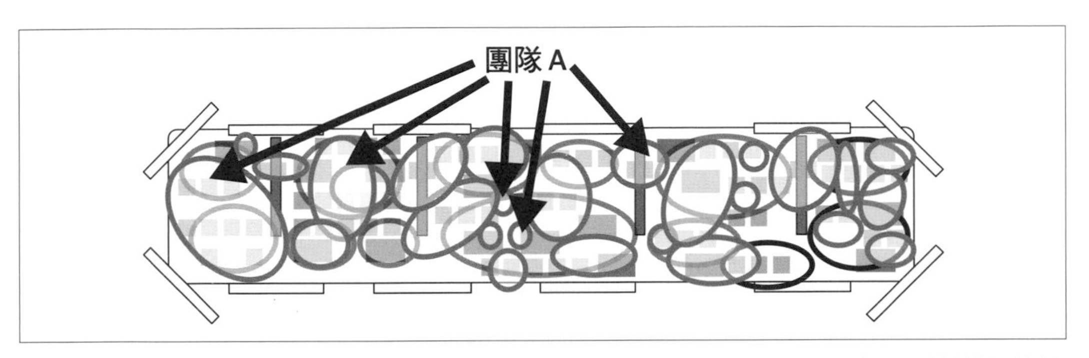

圖 6-7　在 Big Picture EventStorming 研討會中將目前軟體組件及它們的（簡化的）所有權繪製到新興的有界背景上

研討會產生了許多見解，並讓群組討論如何組織 *YourFinFreedom* 來為客戶創造價值。參與業務運營的人員現在了解了目前的架構以及它周圍的限制；參與建立和維護軟體的人員現在了解了業務運營的細節以及軟體如何使它們成為可能。

Anna 想在研討會結束前進行最後一步：繪製領域的 *KPI*，挖掘出會議室內收集到的知識（圖 *6-8*）。群組很高興地這樣做了，領域專家明白說出了為什麼某些 *KPI* 與他們的領域有關。他們共享更多以前只隱含存在於組織中的知識。每個人都對研討會的成果感到滿意，並對它在短時間內提供的大量資訊感到驚訝。

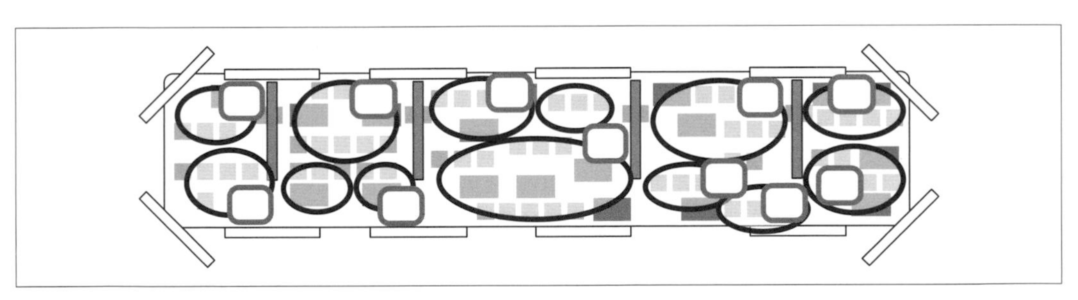

圖 6-8　在 Big Picture EventStorming 研討會中繪製領域的 KPI

Big Picture EventStorming 讓組織增強它原有的表示法，並捕獲特定背景或案例所需要的資訊。它可以釋放關於系統目前狀態的重要知識和審慎的思考，以及 KPI 或指標的相關性。繪製 KPI 和指標並討論它們的目的，可以在組織的各個層次開啟有力的對話。

例如，我可以與一位客戶分享稅務機關和港口之間軟體界面的經驗。這間公司的 Big Picture EventStorming 會議包括了來自不同業務功能的人員，從客戶支援人員到稅務律師。他們一起將公司背景中的工作流程視覺化，包括了他們自己的互動。當客戶支援領域專家說明客戶支援的工作人員有時候會在船舶交易的背景中更正稅務文件時，稅務律師警告說這與當地法律有衝突。抓住這一點，公司可以更正軟體，避免可能的嚴重財務和法律後果。群組也利用這個機會思考如何改善客戶支援工作流程，以及需要哪些 KPI 來驗證所建議的改善。為這個領域建立和維護軟體的團隊對這些見解感到興奮，這使他們能夠對積壓的工作排定優先順序。他們正忙於更新軟體以處理涵蓋了歐盟和英國如何接合的新脫歐規則，所以對於這些見解的出現而言，這是一個特別關鍵的時刻。

我相信軟體架構應該是有意圖的。為了要有意圖，我們需要將工作流程以及我們如何使用軟體來達成目標視覺化。協調組織的使命與它的 KPI，使公司能夠藉由平衡所涉及的權衡來塑造它的軟體架構。

增加軟體架構的意圖性，以指標為指引

研討會結束後，Anna 覺得自己在正確的軌道上——但她不能只靠著對每個流程「簡略描述」前進。研討會強調了一些熱點，以及流程和軟體架構之間的一些不匹配。Anna 決定將她的繪製更深入一個層次。她想要在一個領域內繪製一個運營的價值流，詳細了解 KPI、熱點和運營價值流中的每個步驟。有了這些資訊，她可以與產品工程團隊一起制定計畫來改善軟體架構，並使這架構與組織的 KPI 一致。

Anna 組織了一個新的研討會，這次使用的是 Process Modeling EventStorming。在這個研討會中，參與者將鑽研旅遊保險領域中運營價值流的細節，他們決定將它稱為「請求旅遊保險報價」[8]。

用這兩個流程提高軟體架構的意圖性，有助於人不僅能了解整體，也可以了解部分。這就是我所謂的誘人知識，我們將目前流程視覺化並繪製了限制條件。大多數組織沒有詳細的流程圖（或者如果有，它們通常也已經過時了）。使用像是 EventStorming 般視覺化協作技術，就有將每個人頭腦中的集體知識視覺化的可能。

8 關於從 Big Picture EventStorming 移到 Process Modeling EventStorming 的圖示，都專注在運營價值流上，這可以從線上得到（*https://oreil.ly/ Vc4y5*）。

在對目前軟體架構做出決策之前，*Anna* 要求群組為運營價值流添加關鍵 *KPI*。結果證明不同的人對 *KPI* 有不同的定義！ *Anna* 利用這個機會在群組內建立趨於一致的觀點，並使 *KPI* 的定義更清楚。當他們意識到這將有助於業務運營和產品工程達成一致時，群組中就會有一種成就感。

更深入一步，*Anna* 也要求群組在 *Process Modeling EventStorming* 中繪製目前的熱點。她的目的是了解不同的同事在日常工作中遇到的困難，以及目前的解決方案如何啟用或限制使用它的人。她意識到了挑戰，以及軟體架構與分析中運營價值流之間不匹配的詳細看法。最後但同樣重要的是，可以看到 *YourFinFreedom* 如何為客戶提供價值以及如何賺取收入。在「請求旅遊保險報價」中，*YourFinFreedom* 會為它激活的每份旅遊保險單收取費用，並試圖使激活的保單數量最大化。從客戶的角度看，這個過程應該盡可能的無縫，為旅遊保險單提供最優惠的價格和保險範圍。

在 Process Modeling EventStorming 研討會中對 KPI 的繪製，提供了關於運營價值流中最重要的是什麼、以及組織決定如何衡量價值的細節[9]。價值可以是對客戶和 / 或組織的。有了這樣的細節，我建議應該問：「公司從哪裡賺錢？」這是在建立軟體時了解商業模型至關重要的事，軟體架構應該促進價值的創造。

花時間了解 KPI 並使它的定義更清楚很重要。這些對話可能需要時間，因此你可能需要不止一次的會議。Anna 的故事可能與你的故事不同，在我職業生涯的早期，我透過自己痛苦經驗學到了不要將資訊視為理所當然，也不要迴避提出具有挑戰性的問題。我使用的一種啟發式方法是**慢就是快**。在這種背景中，它意味著我們在深入了解 KPI 所投入的時間——以及軟體所工作的環境，將在我們建立軟體架構時得到回報。

同樣的想法也適用於熱點。使用這個系統的人目前面臨到哪些挑戰？分析熱點也可以了解哪裡有**浪費**。精實方法，特別是在豐田生產系統中所使用的方法，將浪費定義為「當機器、設施和人員共同合作，在不產生任何浪費下增加價值時，就會創造出製造事物的理想條件。[10]」浪費與流程的效率有關並將表現在交付給客戶的價值上。Nawras Skhmot 寫出豐田生產系統所識別的八種浪費，如圖 6-9 所示。

9 線上提供了具有 KPI 和熱點的 Process Modeling EventStorming 輸出的圖示（*https://oreil.ly/IIVUI*）。

10 「Toyota Production System」Toyota，2022 年 3 月讀取，*https://oreil.ly/pLnAp*。

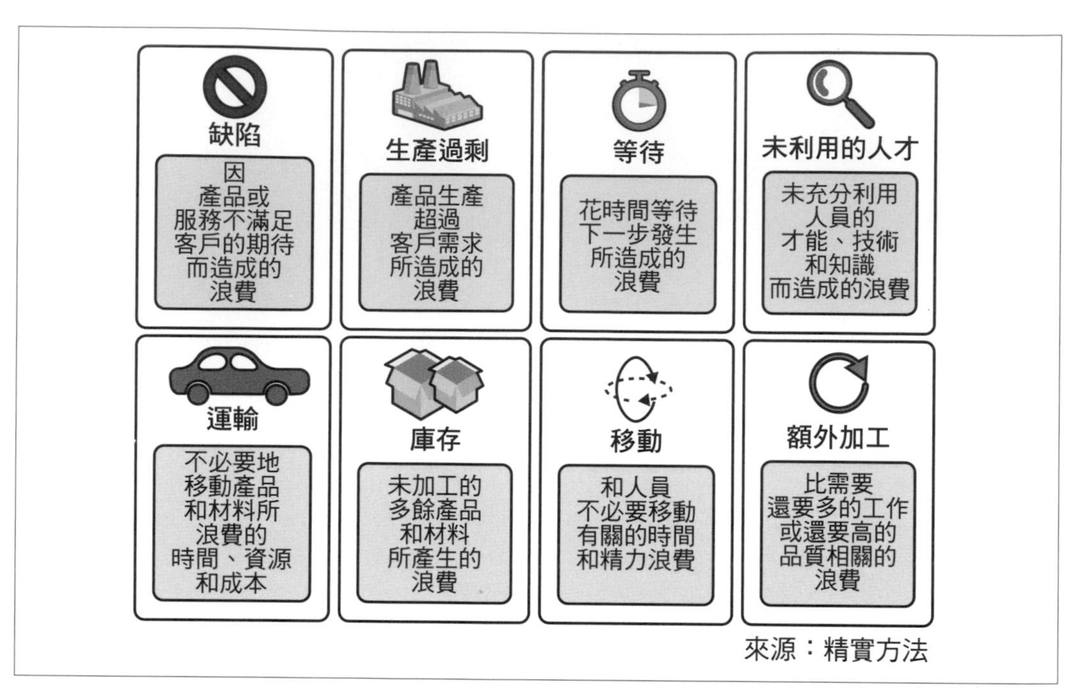

圖 6-9　八種浪費類型[11]

精實的細節超出了本章範圍。然而，我強烈建議在權衡架構決策取捨的時候，使用精實原則作為你的視角之一，以產生意圖性。它可以指引你架構邊界應放置的位置，以實現公司的使命並支持它的目標。

接下來，Anna 帶領了一個領域分解的練習。群組討論了旅遊保險領域的結果和目標，然後將目標分解看看如何使 KPI 轉為指標（圖 6-10）。每個人都清楚地知道他們的工作是如何互相關聯，而且產品工程團隊也了解對這個領域什麼是重要的。這給了 Anna 最後一塊拼圖，現在她可以開始指引軟體架構的改善了。

11 Nawras Skhmot，「The 8 Wastes of Lean」，*The Lean Way*，2017 年 8 月 5 日，*https://oreil.ly/vCCY5*。

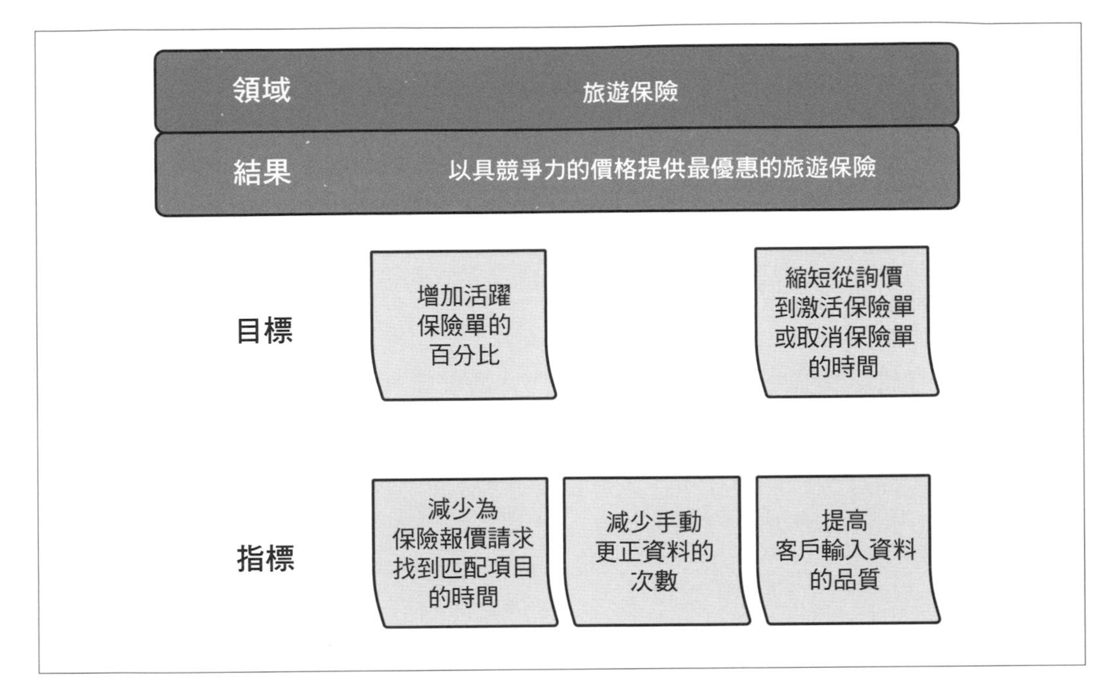

圖 6-10　旅遊保險領域的分解，從結果到指標

關於領域資訊的分解，從結果到目標和指標，可以提供關於它目的和意圖更多的細節。隨著時間的推移，目標和指標會隨著軟體架構在不同的範圍內改變。架構改變了，指標可能會更頻繁地改變；而目標會改變得比較緩慢。商業力量在這裡扮演著重要的角色。指標比目標更接近軟體架構，但目標能提供指引。

你也可以將指標實作為《*Building Evolutionary Architectures*》書中介紹的**適應度函數**。依據那本書作者的說明，架構適應度函數「提供了某些架構特徵的客觀完整性評估。[12]」

掌握了所有資訊之後，*Anna* 和旅遊保險領域負責的產品工程團隊開始制定計畫。他們對中央客戶資訊微服務進行推理，對此他們意識到實際上這根本不是「微」的。中央客戶資訊服務持有所有客戶的資訊，包括使用的金融服務在內。中央客戶資訊和旅遊保險單服務的架構是糾纏在一起的。儘管有一個單獨的產品工程團隊負責中央客戶資訊服務，但發布協作仍依賴於中央客戶資訊服務。

12 Neal Ford, Rebecca Parsons, and Patrick Kua, "Chapter 2: Fitness Functions," *Building Evolutionary Architectures*，請參考第 2 章和第 8 章以更了解適應度函數。繁體中文版《建立演進式系統架構｜支援常態性的變更》由碁峰資訊出版。

群組計劃了一系列的實驗，他們想要回答以下三個問題：

- 一個獨立的服務能夠管理旅遊保險單嗎？
- 在旅遊保險領域範圍內，將中央客戶資訊服務上的相依性移到旅遊保險單服務上需要哪些工作？
- 將旅遊保險單資訊從中央客戶資訊服務移到旅遊保險單服務需要哪些工作？

團隊將第一個實驗的細節作為驗證結果的一系列步驟。他們計劃建立一個持有客戶旅遊保險單的獨立服務，這服務將成為目前中央客戶資訊服務的代理。新的旅遊保險報價請求將儲存在旅遊保險單和中央客戶資訊服務中，目的是證明旅遊保險單服務能夠可靠地儲存這些資訊。

如果所有實驗都成功，團隊打算將旅遊保險單服務作為旅遊保險領域的單一事實來源，消除了對中央客戶資訊服務的依賴。結合了研討會期間所提煉的資訊，團隊決定增加額外的指標。他們選擇了部署頻率和變更失效率作為指標來指引架構的變更，並證明架構的方向。假設是建立旅遊保險單服務和移動中央客戶資訊服務的旅遊保險邏輯，將會：(*1*) 增加部署頻率和 (*2*) 降低變更失效率，這兩者都在中央客戶資訊服務上。另外，這個假設包含了對軟體架構邊界的重新定義，這應該有利於管理它的產品工程團隊的自主權。

為了連接所有的資訊，*Anna* 用 *KPI* 價值樹將組織的 *KPI*、領域的 *KPI* 和支援指標之間的關聯視覺化。在她 *YourFinFreedom* 的職業生涯中，她第一次對公司有了完全的概觀，從公司的使命到產品工程的倡議。

圖 6-11 中的 KPI 價值樹有三個層次，第一層由組織 KPI 組成，第二層是領域 KPI，第三層是指標。如你所見，組織 KPI 範圍很廣泛，可以測量公司的健康狀況。大多數的時候，它們與財務結果有關，像是 EBITDA 和客戶終身價值，但有時候它們也包括以最終使用者為中心的指標，像是每月活躍使用者。在這個層次上，KPI 是滯後指示器：我們可以使用它們回顧過去，並看看我們的行動是否產生了預期的結果。

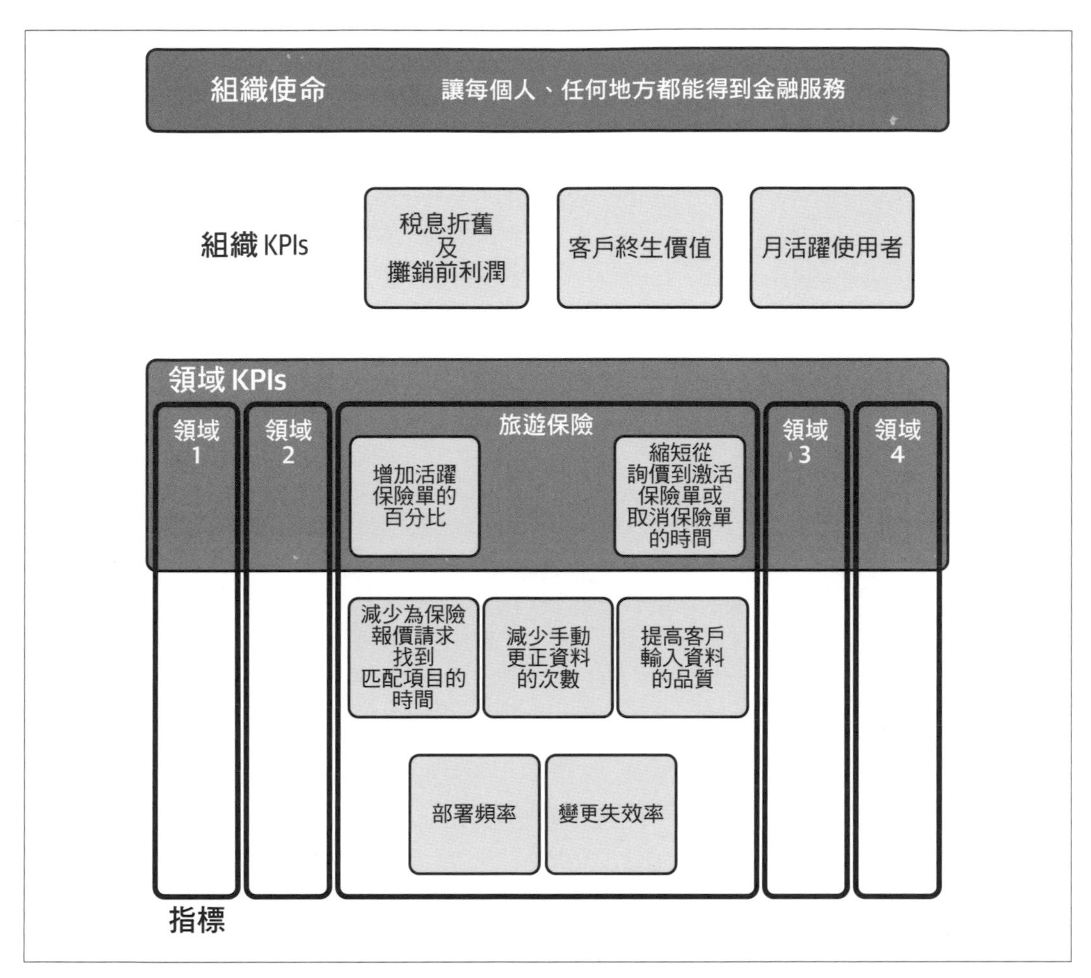

圖 6-11　YourFinFreedom KPI 價值樹，初次研討會之後

第二層對旅遊保險領域的關注較窄。它的 KPI 是關於增加活躍保險單的百分比和縮短從詢價到激活保險單或取消保險單的時間；這些 KPI 也是滯後指示器。

第三層包含指標。這些指標可以是滯後指示器，但它們也是**領先指示器**：預期的行動將產生預期結果的強力預測器。在這個例子中，滯後指示器減少為保險報價請求找到匹配項目的時間，減少手動更正資料的次數，並提高客戶輸入資料的品質。領先指示器是部署頻率和變更失效率。

KPI 價值樹是時間的快照。因為在商業就像在生活中一樣，變化是唯一的不變，KPI 價值樹需要隨著對 KPI 和指標多有用的持續討論而演進。重要的是，特別是在產品工程團隊中，要不斷地討論並根據需要調整它們。

當一家公司擴展規模的時候，圍繞它的商業力量會發生變化——所涉及的技術也一樣。所有這些變化都不可避免地會影響它的軟體架構。在過程中的每一步，都必須依據資料（像是來自 KPI 和指標的資料）建立解決方案，以與目前的限制（技術、人員、法規、市場等等）匹配。

就如 Goodhart 定律所述，「當一個測量變成目標時，它就不再是一個好的測量。[13]」記住，*KPI 和指標應該是指引和推動者，而不是目標*；它們不是要規定行為！根據我的經驗，如果人們開始說「我們沒有達到 KPI X 或指標 Z」之類的話時，這就是 KPI 被用作目標的好跡象。如果你需要一個目標，沒關係：叫它目標，但不要使用像是 *KPI* 或*指標*之類的術語。

在這方面，軟體架構師可以與使用服務等級協定（SLA）一起使用的可靠性工程社群網站學習。SLA 是法律合約中規定的來自特定服務或供應商的預期服務等級。當未達到這個等級時，就會對供應商造成後果，通常是財務上的。如果你的團隊支持具有 SLA 的軟體，那麼你的團隊擁有目標就很有意義。在這些情況下，將 KPI、指標和目標視覺化，並思考它們之間的聯繫就非常有用。

Nicole Forsgren、Jez Humble 和 Gene Kim 所著的《*Accelerate*》（IT Revolution, 2018），對軟體架構和軟體工程的整個領域有極大的影響。特別是它提出被廣泛使用的 4 個軟體交付和操作性能指標（圖 6-12）：*前置時間*、*部署頻率*、*變更失效率*和*平均恢復時間*。這些指標是速度和穩定性的領先指標。作者的研究顯示，這 4 個技術指標在高性能團隊中很常見。但是，每個團隊都在自己的脈絡中操作，也存在有產品工程團隊可以而且也應該使用的其他相關指標。

13 "Goodhart's law," Wikipedia, last updated March 8, 2022。

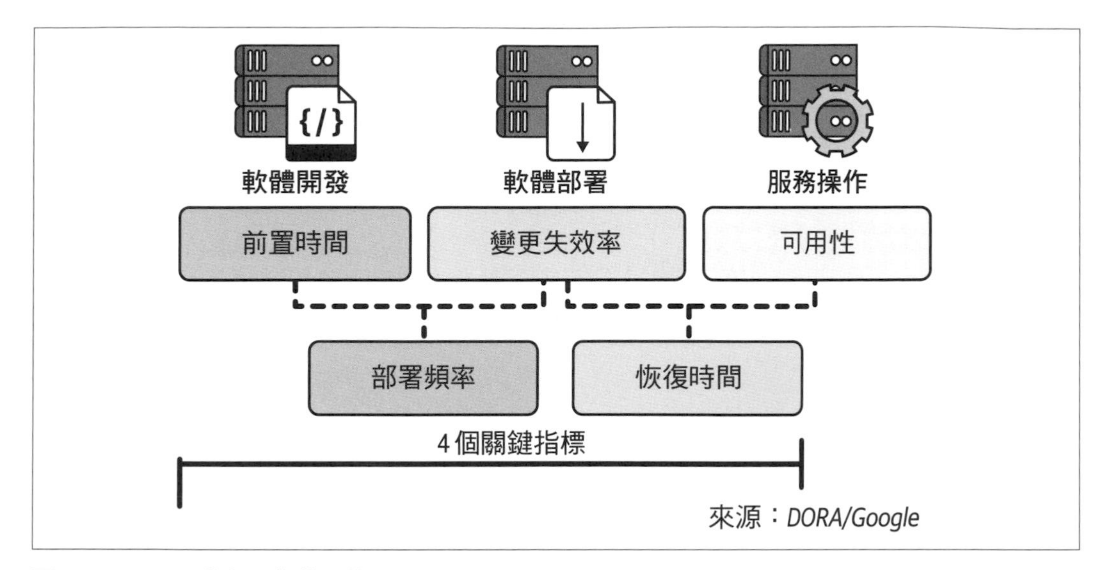

圖 6-12　DORA 指標，版權屬於 DORA/Google

當有適當的可觀察性實踐和工具的時候，我還建議使用**平均發現時間**這個指標。平均發現時間是從 IT 事件發生到有人發現它之間的平均時間。

鑑於產品工程團隊在社會技術系統中運作，我還有其他必選的指標。首先是**吞吐量**，它可以作為產品工程團隊交付批量工作能力的基準。這指標起源於精實社群，並被 DevOps 社群用作幫助持續改善的方式。我的第二個必選指標是**員工淨推薦值**®，它測量員工的幸福感並可以提高員工的留職率。

雖然我經常使用上面所提到的指標，但沒有一個指標可以適用於所有的使用情況。我並非建議你不假思索地使用所有這些指標！本書分享了軟體架構和指標的各種經驗和方法，以幫助你思考哪些可以或應該應用到你自己的組織上。最後但同樣重要的，使用這些指標來比較團隊的表現會適得其反，因為每個團隊都有自己的知識領域、技能水準、技術和其他的情況因素。

幾年前，我參與了一家希望提高它軟體開發生命週期透明度企業的 DevOps 轉型，我在指導一個為零售業銀行開發行動應用程式的部門。該公司使用來自 DORA 的 4 個軟體交付和操作性能指標——到目前為止，效果很好。但是，有些人認為我們應該使用閾值，並根據團隊在整個組織中的「表現」將團隊分類。我在引號中使用「表現」一詞，因為團隊是在完全不同的情境下運作。就如你所想像的，這個組織擁有各種類型的技術，從大型主機到雲端無伺服器架構以及介於兩者之間的所有技術。我解釋說，指標是取決於背景的，而不僅僅是觀察 DORA 指標而已。

在軟體行業中，應該增加部署頻率是被普遍接受的想法。這樣做的好處包括了降低成本、恐懼和不確定性，並提高標準化、可預測性和自動化。然而，對於行動應用程式，多次的部署將會觸發應用程式的更新通知，使客戶感覺麻煩並降低公司的淨推薦值[a]。這個部門對隨時部署的能力做了投資，他們決定使用有三個環（alpha、beta 和生產）的部署環方法，並自動地將每個更改部署到 alpha 通道——一種符合他們背景的能力。這就是整體連接 KPI 和指標的力量。

連接 KPI 和指標在時間和人員承諾方面可能是一項昂貴的活動。在 Anna 的故事中，KPI 價值樹是從她開始的，因為她在高級管理階層、架構和工程之間溝通渠道很短的大規模公司工作。使用像 KPI 價值樹這樣的工具是一種持久且共享的方法，需要組織中不同職務間的合作，以及高級管理階層的採納（因為 KPI 價值樹與組織的 KPI 是連接在一起的）。擁有明確的所有權和適合組織環境和文化的流程，將增加 KPI 價值樹具有持久積極影響的機會。

用溝通管理期望

Anna 知道，產品工程團隊提供功能給旅遊保險領域的能力在實驗期間會下降。*Anna* 與 *Keisha* 碰面，分享了研討會的成果、*KPI* 價值樹和產品工程團隊的計畫。她詳細說明了成果以及她想學習的內容：如何使用架構中的槓桿點來減少目前的複雜性。*Keisha* 支持這個計畫並承諾支持 *Anna* 與利益相關者分享這個訊息。她向 *Anna* 解釋說，管理期望很重要，因此對他們可預見的成果、預期的結果以及這將如何有助於 *YourFinFreedom* 成為歐盟主要參與者的目標應該要說明得很清楚。

利益相關者讚賞 *Anna* 誠實和清晰的訊息，並同意產品工程團隊應該執行實驗，並與其他領域分享結果以提高他們的洞察力並解決共同的痛點。*Anna* 同意讓每個人都得知相關資訊與最新進展。

產品工程團隊執行實驗，將旅遊保險單服務上線並替換了旅遊保險領域的中央客戶資訊服務。實驗是成功的——指標證明了這一點。舊軟體架構的邊界放錯位置，在旅遊保險領域重新定義它們意味著它的服務不需要使用發布協作。利益相關者對結果和溝通節奏很滿意，當 *Anna* 提議在組織的其他領域使用相同方法時，他們支持她。她開始使用相同的方法幫助產品工程團隊在其他領域進行類似的實驗，目標是建立一個有清楚邊界的軟體架構。

同時，隨著 *YourFinFreedom* 的發展和旅遊保險領域 *KPI* 的提高，這個領域的領導者意識到目前的指標雖然穩定並能滿足當前的需求，但可能已經不夠了。保險分析師指出「減少為保險報價請求找到匹配項目的時間」這個指標，預測會需要聘用更多人擔任旅遊保險報價的職務，隨著 *YourFinFreedom* 市佔率的增加，人數也會呈線性的成長。但是，這將影響 *EBITDA*。領域的領導者與 *Anna* 會面，討論減少建立旅遊保險報價所需要手動工作的可能性。*Anna* 建議更新軟體架構來實現這一目標，他們也討論了哪些指標最能支援這些變更。他們決定用「從保險分析師提供的選項中增加第一個接受的旅遊保險報價」取代「減少為保險報價請求找到匹配項目的時間」這個指標（圖 *6-13*）。

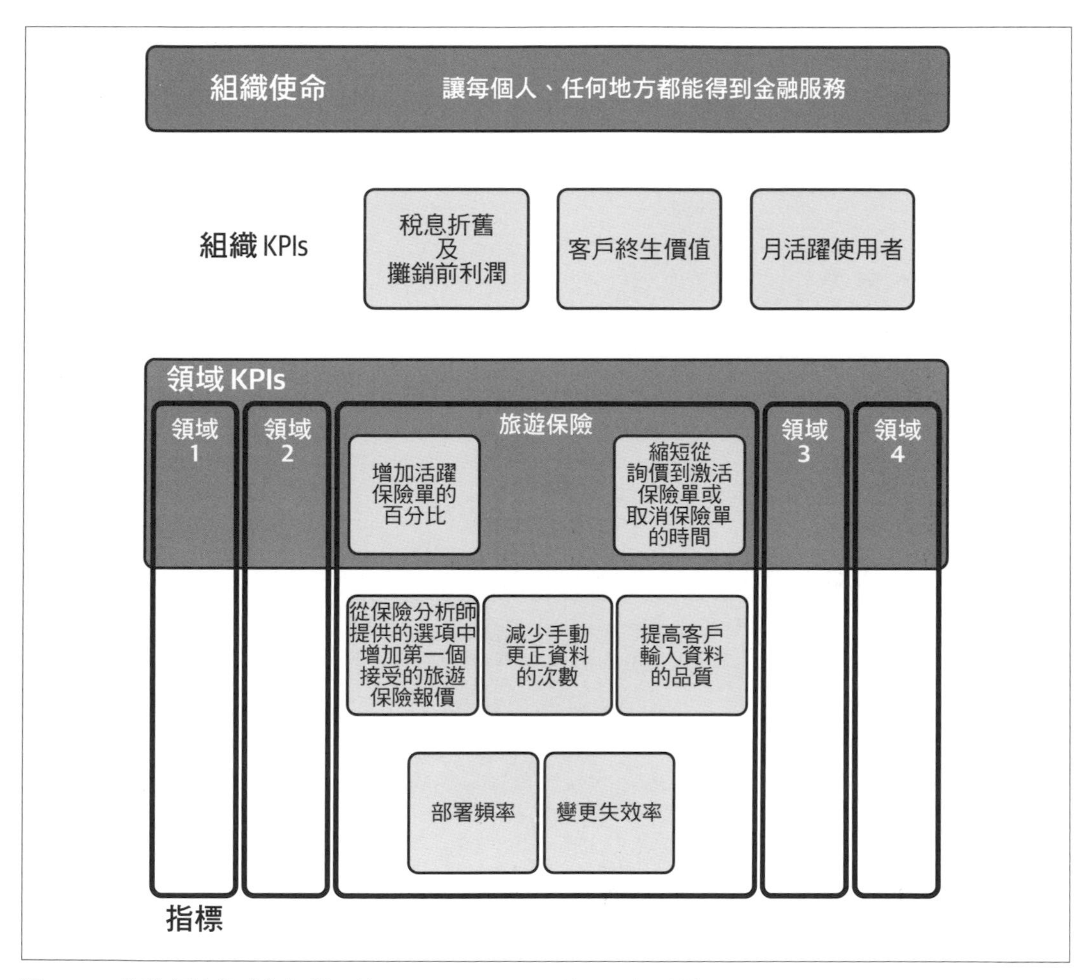

圖 6-13　旅遊保險領域指標變更後 YourFinFreedom 的 KPI 價值樹

Anna 與產品工程團隊合作設計這個架構的變更。他們引入了一項可以吸收和處理客戶提供的資訊、查詢保險合作夥伴、以及產生一些報價選項的服務。這是保險分析師的決策支援系統，可以節省他們現在瀏覽保險合作夥伴系統所花的時間。

要使 KPI 價值樹有用，必須對它有好的維護。隨著商業力量的變更，軟體架構也必須改變以適應它。這是一個分形圖案；當變更出現的時後，質疑 KPI 和指標的有用性至關重要。在 Anna 的故事中，產品工程團隊成功地澄清並穩定了他們領域的邊界，這使領域得以演進。Anna 在旅遊保險領域不同職務之間有橋梁的作用。不過，你可能會有不同的操作模式，而這完全沒有問題—同樣地，你的背景很重要。

這裡學到的是，軟體架構的自然演進應該由指標指引。在這種情況下，即使這些變更是高度實驗性的，參與建立和維護軟體的人也可以使他們的變更更加有意圖。創新是有益健康的，透過重視明確的邊界，能使架構的某些部分從穩定性受益，而其他部分則從實驗中受益。

還有一個關於指標演進的個人故事：我曾在一家電子商務組織擔任技術團隊的負責人，這個組織正在將它的系統遷移到雲端。這技術團隊是補貨領域的一部分，負責為買家產生產品補貨的建議。補貨領域的總體目標是使產品可用性最大化，同時減少產品花在倉庫中的時間。產品補貨建議是買方根據銷售預測購買所需庫存的決策支援系統；它包括了關於供應商和定價的資訊。

作為雲端轉變的一部分，所有系統都需要適當的可觀察性。我們檢視了一項可以為產品補貨建議計算出最佳供應商（包括數量）服務的 API。這項服務封裝了選擇供應商的所有邏輯（有非常具體的規則，其中一些有法律的後果）。API 層級的工具有測量呼叫成功率的指標，而且我們注意到有相對較高的呼叫失敗次數。進一步探究，我們構成了一個將呼叫失敗與補貨中產品聯繫起來的指標。我們的業務分析師進一步探究，發現這些產品已達到使用期限，不再供應但尚未從系統中下架。當調整指標來包含這個資訊的時候，API 錯誤幾乎減到零，並且端到端的處理時間也有極大改善。執行補貨流程所需的產品更少，API 錯誤也更少。對指標如何與領域目標和限制相關聯的推理，幫助我的團隊建立了改善系統的指標。雖然這需要時間和領域的知識，但它對系統有長遠的積極影響。

架構的學習和演進

當 *Anna* 與其他領域合作時，三種不同的模式變得很清楚。首先，軟體架構與領域邊界不一致，這類似於她在旅遊保險領域中發現的。第二，領域邊界不正確，在架構中導致意外複雜性。第三，有些產品工程團隊的認知負荷很高，因為他們擁有要麼跨越領域邊界，要麼屬於不同操作價值流的軟體組件。

第二種模式的一個例子是中央客戶資訊服務：持有所有金融領域資訊，需要管理各個不同金融領域模型不同行為的所有資訊，這就產生了複雜性。*Anna* 在擁有客戶開戶和計費領域服務的團隊中觀察到第三種模式。因為這些過程非常獨特而且不相關，因此團隊無法專注於單一的問題空間。

在與 *Keisha* 的會面中，*Anna* 提出了應付這些挑戰的想法。首先，她建議他們做一些類似於他們在旅遊保險領域所做的事情：將中央客戶資訊服務分解成適當的金融領域，並為身分管理和帳戶管理領域資訊建立新的服務。她還建議他們重新考慮軟體組件的所有權，以限制產品工程團隊的認知負荷，同時穩定領域的邊界；仔細說明了產品工程師的後果，以確保 *Keisha* 意識到其中的含義。*Keisha* 對 *Anna* 對部門的影響有了深刻的印象：她的思維幫助 *YourFinFreedom* 變得更加敏銳和更專注。

那麼這個故事的寓意是什麼？使用適合你背景的指標。也要記住，指標的趨勢有時比指標本身更重要。

例如，平均發現時間的趨勢是衡量人們是否會從過去中學習的有趣指標。想像一下，隨著時間的推移，平均發現時間會增加。這裡有兩個可能的挑戰；首先，由於商業力量的原故，軟體架構的複雜性越來越高；其次，當複雜性增加，認知負荷也會增加，對員工參與度會有負面影響。將平均發現時間指標與變更失效率指標結合，可以幫助你發現軟體架構中的弱點。更重要的是，將變更失效率指標與員工淨推薦值®結合可以幫助管理者對員工的支持。這個簡單的例子說明了軟體架構的決策會如何影響人員、團隊和公司的社會結構。

軟體架構是一個持續的過程；當我們生產新的工件並在生產中使用它們時，環境會發生變化，組織也會演進，過去有效的東西今天不一定仍然有效。在我們虛構的例子中，Anna 的公司接受了重新定義領域邊界的過程，並因此重新定義了軟體架構的邊界。

當這樣的變化發生時，管理每個人的期望至關重要。就如故事中所描述的，所產生的洞察力導致了軟體組件所有權的改變。這對團隊會有影響，在技術和社會層面上都會有權衡和後果。重要的是要讓每個參與的人對這一點都很清楚，否則人員會失去注意力，感到沮喪，甚至離開公司。

軟體架構、指標和 KPI 應該支援組織的發展。組織的領導者需要意識到，軟體架構並不是作為其策略技術的實作而單獨存在。事實上恰好相反：軟體架構使公司能夠實現它的策略。

我相信我們需要訓練新一代的軟體架構師，來做比在技術組件之間群組模式更多的事情。他們需要知道如何促進研討會、了解群組的動態並對整體商業策略做出貢獻。了解技術決策對社會結構的影響，將有助於他們建立人們樂於對它付出貢獻的合理架構；每個人都會從中受益。

那麼 Anna 呢？

在她漫長過程開始兩年半之後，Anna 坐在公司的自助餐廳裡，喝著水果茶並閱讀她的電子郵件。她收到一個邀請：請她在軟體架構會議的主題演講中分享她的故事。她回顧了自己的成功：這個組織正在超越自己的目標，業務的成長超出預期。公司領導者正在討論藉由探索其他業務線，來使用他們新的社會技術架構技能。Anna 決定將她演講的題目定為「社會技術架構：超越軟體架構」。你能想像她將分享什麼嗎？

結論

軟體架構和指標是令人興奮的話題。我在本章試圖經由 Anna 的故事分享我的經驗。作為技術人員，我們傾向於關注技術的來龍去脈，過度架構和過度設計我們的解決方案，這是意外複雜性在軟體架構中表現出來的一種方式。因為期望的不匹配會導致挫折（至少），對組織的社會結構會產生後果。近年來，我觀察到社會技術架構的 C 層級上有了更多的意識，並在做出技術決策時嘗試更有意圖。

有一個適合組織業務和規模的軟體架構至關重要。這是一段旅程，軟體架構將隨著組織的演進而演進。因此，在跨組織不同職務間展開工作以了解流程和價值創造是首要的事；藉由這樣做，你可以建立與軟體架構相關的指標，同時可以支援業務。Anna 採用視覺協作技術來協調不同的職務，產生了產品工程團隊將它轉化為 YourFinFreedom 策略計畫的洞察力。他們的軟體架構不斷演進並建立了一個回饋循環，這讓他們能夠推理指標的有效性。這些協作技術並不是一次性的活動，你應該不斷地努力讓每個人保持一致。

背景很重要，找到正確的指標是過程中的一個步驟。複製其他組織所使用的指標是行不通的，因為背景不同。發現適合你組織的指標是一種有意圖的投資，這投資在組織的演進中會有所回報。

指標的趨勢很重要，可以揭露出技術領域以外的訊號。它們與社會技術架構密切相關，因為到頭來還是人類設計、建構和維護軟體。我誠摯地相信，具有應付這些社會技術挑戰技能的新一代軟體架構師正在崛起中。

第七章

測量在軟體架構中的角色

Eoin Woods

軟體架構有很多定義，但在實踐中，大多數架構的重要決策都與實現系統滿足利益相關者要求的品質有關，這些品質包括性能、還原力和安全性，架構師通常將這些稱為品質屬性或非功能性的品質。

通常很難做出這些重要而複雜的決策，因為它們涉及不同品質之間的重大權衡。例如，優先考慮還原力可能表示會降低性能。利益相關者通常很難知道他們需要什麼樣的品質屬性。

架構師過去用來解決這些複雜問題的方式是以許多的「前期」設計和思考，試圖整理出他們的需求，考慮不同的權衡，做出關鍵的架構決策並驗證它們。但是，今天我們需要比這種方式更快地行動以及更有效地適應變化。

許多的方法，像是持續交付[1]、RCDA[2]、和持續架構[3]，都企圖使架構活動在前期發生的少一些，而在交付的生命週期中多一些。這讓團隊稍後在有更多可用的資訊時再做出重要決策，並支援在建立系統時才出現的改變。

持續架構和相關方法的困難在於知道你是否已經完成了足夠的架構工作，以及你是否將時間花在最重要的事情上以使工作的獲益最大化。要做的事情總是比你有時間做的要多，所以你需要能夠明智地選擇你的工作——並且知道什麼時候該停止並繼續處理下一個問題。

1 參考 Jez Humble and David Farley, Continuous Delivery (Addison-Wesley, 2010)。

2 參考 Eltjo R. Poort and Hans van Vliet, "RCDA: Architecting as a Risk- and Cost Management Discipline," Journal of Systems and Software 85 (2012): 1995–2013。

3 參考 Murat Erder, Pierre Purer, and Eoin Woods, Continuous Architecture in Practice (Addison-Wesley, 2021)。

測量是解決方案。藉由在特定時間點測量系統的品質，而不是靠直覺或遵循死板的架構「方法」，你可以了解自己的進度。透過時間推移的測量它們，你可以了解趨勢並根據這些品質的演進情況確定你的發展方向。以這種方式使用測量可以指引你的架構活動，並使它們的價值最大化。

在本章的其餘部分，我將討論如何將測量整合到軟體架構中，並介紹測量和估計品質屬性的一般方法，以及一些針對關鍵品質的具體方法。然後，我將向你展示如何開始，並討論一些常見的陷阱。

在軟體架構中增加測量

軟體架構歷來是這樣的：定義需要建構的內容，設計它，建構它，然後開始測量它。這聽起來像是「瀑布式」交付，但即使是非常迭代地交付（使用敏捷或其他方法）的團隊，也經常將測量推遲到交付生命週期的後期，即在軟體已經到達操作環境之後。

今天，我們知道我們需要一個定義 - 設計 - 建構 - 部署的**持續**過程，而且我們知道我們需要儘早開始測量並持續進行。圖 7-1 中的簡單圖形說明了測量和軟體架構之間的關係。

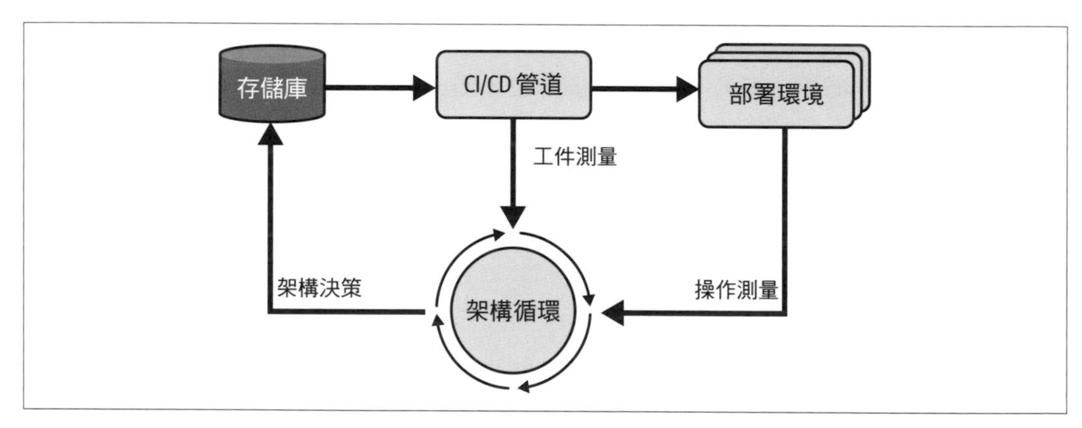

圖 7-1　架構循環中的測量

從交付管道和部署軟體的任何環境中取得測量值，應該是一個持續且頻繁的過程。這些測量為你的工作提供資訊，讓你確認注意力的優先順序，並導致架構決策。你將依據這些決策更改系統，然後使用更多的測量來揭露這些決策是否有效；並持續這樣的循環。

注意到圖 7-1 顯示的是**工件測量**，我們可以測量從交付過程中產生的工件（像是文件和程式碼）。圖中還提到了**操作測量**，這是測量系統在它操作環境中的執行，像是反應時間和磁碟的用法。考慮每一項何時可以執行以及它們可以提供什麼見解是很有用的。圖 7-2 顯示了一些沿兩個軸分類的測量例子：工件 / 操作和外部 / 內部測量。

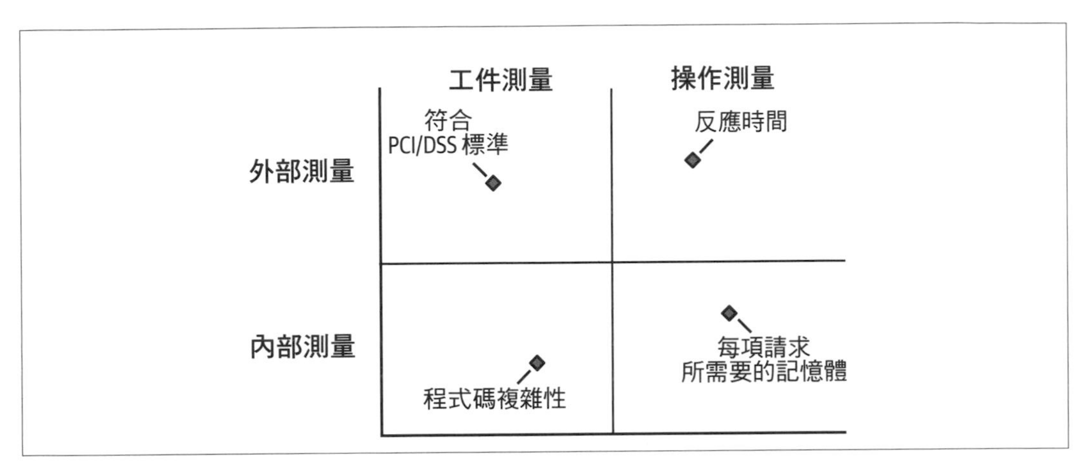

圖 7-2　測量的類型

外部測量對系統交付和操作團隊以外的人是可見的，或對他們有直接的影響。**內部測量**對交付和操作團隊是可見的，或對他們有直接的影響。在交付循環不同點上測量這些項目，提供了不同類型的洞察力。讓我們依次的看看每個象限：

外部工件測量

透過設計文件來測量是否符合標準或一組準則可能是測量中最弱的類型，因為它是基於判斷的，但它有一個很大的優勢，就是它可以在當設計理念不斷湧現的交付循環初期進行。外部工件測量對於建立利益相關者對系統將表現出某種特性的信心很有用，像是 GDPR 的符合性，或與某些特定的最佳實踐標準一致。

內部工件測量

像是程式碼複雜性、模組耦合度和資料庫模式元素數量等的測量是非常實際和準確的，而且一般相當快速和便宜。它們是像可維護性和可擴展性等品質屬性的有用指示器，是開發和操作團隊主要感興趣的。這些測量的缺點是你在測量它們之前需要完成相關的工件（通常是程式碼）。

外部操作測量

這些測量是會影響開發和操作團隊以外人員的系統操作特性。許多傳統的品質屬性測量，像是反應時間、吞吐量、從失效中恢復的時間以及每月失效的次數，都屬於這一類。類似於內部操作測量，這些測量無法在系統操作之前進行，但它們具有捕捉到一些最重要的利益相關者——使用者——可能會看到的經驗的優點。

內部操作測量

這些是測量開發和操作團隊可見的系統操作特性，像是記憶體用法或資料庫索引成長與資料成長的比率。這些測量也需要一個完全可操作的系統，但提供一個了解系統在內部和從使用者觀點看它是如何執行，有價值的現實檢查。測量的結果對於預測系統未來的問題通常很有用。

在交付生命週期的不同階段，不同類型的測量是相互關聯的，但隨著時間的推移，你會用到它們的全部。

測量方法

擁有可靠且具有成本效益的測量方法很重要。本節將回顧一些選項。

應用程式和基礎架構的執行期測量

如 Cindy Sridharan 在《*Distributed Systems Observability*》（O'Reilly, 2018）中所觀察到的，目前可用的三種一般測量機制是日誌、追蹤和指標。**日誌**提供我們具有時間戳記的事件記錄序列，以顯示技術組件在隨著時間的推移發生了什麼。**追蹤**利用軟體內端到端跨組件場景記錄中直接相關事件的集合擴展了這個理念，像是請求處理。**指標**是一段時間內系統特性的直接數值測量，像是虛擬機器的 CPU 使用率或圖像儲存的存儲空間大小。我們可以從系統基礎架構和應用程式本身收集日誌、追蹤和指標。

從基礎架構存取日誌、追蹤和指標通常較簡單，因為像是公共雲端平台般大多數基礎架構的環境，都具有複雜且功能齊全的資訊收集系統，不需要太多的工作就可以提供所有這三種測量。應用程式的日誌、追蹤和指標通常需要較多的工作，因為你必須直接或藉由重新使用像是應用程式性能管理（APM）工具的測量機制來自己實作它們。但是，應用程式測量是特定於背景的，它可以提供利益相關者真正關心的特性的大量洞察力（像是類似產生收入的業務指標，而不是純粹的技術測量）。

軟體分析

如同那句老話，「程式碼不會說謊」。一旦編寫了，程式碼就可以成為豐富的測量來源。靜態程式碼分析是一個高度發達的領域，擁有廣泛的強大工具；但是，它僅限於測量常見的程式設計錯誤和結構程式碼特徵（像是複雜性或耦合度）的存在。它並不能幫助你評估可維護性和可擴展性以外的許多架構品質。也就是說，對於估計像是發現安全漏洞的數量等安全性的品質，程式碼分析測量可能是很有用的代理測量。

設計分析

如我前面曾提過的，程式碼分析的明顯問題是在編寫程式碼之前不能使用它，因此它是回顧性而非預測性測量的來源。在實作之前捕獲設計的某些面向，將使設計分析建立像是符合標準的預測性測量成為可能，或像是可擴展性般可能的架構品質。我不建議製作老式的詳細設計文件，因為這些文件一完成就已經過時，但是在實作之前捕獲一些微小但準確的設計表示，可以允許對可能的系統特性進行深入的估計來指引你的工作。

估計和模型

在編寫大量程式碼之前，用模型和估計建立預測性測量，可以在交付循環的初期指引架構工作。

你可以用自己以前經驗的結果、其他類似系統的測量以及已發布的基準或測試結果來建立數學模型，通常是在試算表中建立。這些模型試圖捕捉操作參數（像是資料庫大小、請求量、請求類型、伺服器數量和記憶體大小）之間的基本關係，以及來自這些參數結果的品質屬性值。

這種預測性測量有一些問題。首先，它最適用於可以很容易用數字表示的架構品質，像是可擴展性和性能；它較難用於安全性這樣的品質上。除了最簡單系統之外的任何東西，要建立一個簡單到足以理解並產生可靠結果的模型也很困難（而且很昂貴）。在系統建構之前你可以簡單地測量它，但要驗證這種模型的預測能力也很困難。要確保你是在建立真正有用的東西。

適應度函數

Neil Ford、Rebecca Parsons 和 Patrick Kua 在他們的著作《*Building Evolutionary Architectures*》（O'Reilly, 2017）中提出了用於品質屬性測量的「適應度函數」。**適應度函數**不是一種新的測量機制，而是一種用測量來監控系統品質屬性，並確保它們保持在可接受範圍內的機制。關於適應度函數的更多資訊，請參考本書的第 2 章和第 8 章。

適應度函數定義了一個或多個品質屬性的可接受值或一組值，以及如何檢查系統是否至少展現出感興趣的品質屬性值。理想情況下，適應度函數應該實作為自動化的過程，但許多有用的適應度函數不能自動化，因此像是試算表計算般的手動適應度函數仍然很有價值。舉個簡單的例子，如果你知道所有特定類型的請求都應該在 100 毫秒內處理，那麼你可以在操作環境中建立一個自動適應度函數來監控請求的時間，並在它們開始耗時過長時提醒我們。

適應度函數並沒有使品質屬性測量變得更容易，你仍然需要使用本節概述的技術。但它們可以幫助你用測量的結果，來指引和聚焦你的架構工作。

測量系統品質

上一節概述的一般技術可以應用於一系列的系統品質，但每個重要的品質在測量時都有自己的特徵。在本節中，我們將更深入地探究一些重要系統品質的具體測量。

性能

對於**性能**我指的是，系統可以多快地處理指定的工作負荷（像是反應網絡請求、處理 API 呼叫、處理事件訊息或完成批次處理作業）。性能通常使用外部和操作測量來衡量，而且是較容易測量的品質屬性之一，因為它可以在測試和操作中直接以數值測量，也可以在某種程度上藉由模型估計。

測量性能的兩種典型方法是**延遲**和**吞吐量**，延遲是完成工作所需要的時間，吞吐量是系統在設定時間內能夠完成多少個特定類型工作負荷的實例。例如，如果處理收件事件訊息，那延遲是處理單一訊息所需的時間，而吞吐量則是單一處理器在一分鐘內可以處理多少條訊息。這兩個測量應該成反比。

重要的是不要將性能與**可擴展性**混淆（請參考下一節），可擴展性是系統對工作負荷增加的反應能力，但這兩者密切相關，性能下降通常是可擴展性問題的徵兆。

性能的兩個主要決定因素是必須完成多少工作（像是處理收件事件訊息）、和完成工作多有效率（像是資料庫存取是否使用索引）。

測量性能時的考慮事項

測量性能的關鍵是反應時間，你可以從測試環境或操作環境中直接測量，使用測試軟體（像是用於 API 和網絡界面的 Gatling（*https://gatling.io*））建立合成的測試工作負荷，或者藉由在系統中建立日誌記錄以進行回顧性日誌分析。單一的測量很少有用，因為性能會在請求之間改變，所以要測量一組請求的反應時間分布，用它的平均值、中位數和標準分布描述它。

一旦你對特定類型工作負荷的性能有了特性描述，你就可以將它與對應的需求進行比較，並根據差異的大小決定它是否需要架構上的關注。

性能也有成本上的權衡：通常可以「購買」更好的執行期資源來提高性能（更多的記憶體、更快的 CPU、更快的存儲空間），但這會更昂貴。

最後，如前所述，考慮用定量模型（通常是在試算表中）估計，而不是直接測量性能。這些模型可能很難校準以確保好的預測能力，但在系統的某個面向可以直接測量之前，這種估計可以對它預期的性能提供一些洞察力。

測量性能時的常見問題

測量性能時需要注意的一些常見問題包括：

測試與現實

在許多情況下，為性能測量建立一個與操作環境有相同行為的測試環境可能很困難。挑戰包括有建立真實的儲存資料、預測可能的工作負荷模式、擁有完全相同的環境資源和配置等等。如果你不確定測試環境的代表性，你就不能確定它的測量結果有多大用處。

模型與現實

更複雜的是知道性能模型與真實系統相比的預測能力，以及由此所帶來的有用性。這意味著你應該總是儘可能早地測試，以校準和驗證你的模型。但小心不要太過依賴它們。

產生的工作負荷

即使你知道要產生什麼樣的工作負荷，產生高保真、可重複而且有用的工作負荷，本身就是一項複雜的工作。這對工作負荷需要特定的請求或批次處理模式，才能與特定資料模式互動的複雜業務領域更是如此。

間歇性現象

分散式系統的行為方式複雜且有時會出乎意料，造成難以重現的間歇性現象。雖然忽略它們很誘人，但要抓住這些間歇性事件作為調查和學習的機會；你很可能會發現一些需要架構關注的東西。

缺少日誌記錄

許多應用程式在建構時並沒有為了性能測量而考慮日誌記錄。在開發的初期考慮這一點，可以避免以後需要做大量的回顧工作。

巨大的日誌記錄

相反的問題是日誌記錄太多。執行大量日誌記錄（通常其中大部分是多餘的）會產生太多資料，以至於很難處理以建立可靠的測量。明確的日誌記錄策略和可配置的日誌記錄機制，可以幫助避免這種情況。

可擴展性

可擴展性與性能密切相關，但它關注的是系統如何對增加的工作負荷做出反應。這兩個品質密切相關，因為可擴展性問題的第一個指示器通常是性能下降，並且兩個都會受到系統實作效率的影響。

可擴展性的關鍵問題是，系統的工作負荷容量如何因它可用的資源（像是 CPU、記憶體、存儲空間和網絡容量）而變化。理想情況下，系統應該是線性的擴展，因此增加 50% 的資源就可以讓它多處理 50% 的工作負荷。但是，在實踐中，很少能達到這樣。

可擴展性是一個多面向的問題，可以從多個角度考慮，包括請求處理的能力、批次的吞吐量、資料存儲空間容量和組織（人員和流程）的能力，所有這些都會影響系統處理工作負荷增加的能力。

測量可擴展性時的考慮事項

可擴展性也非常適合數值測量、實際測試和數值建模；雖然總是會有一些複雜性，但透過測量來描述它並不是很困難。

可擴展性的關鍵測量是在給定程度的資源下，系統在可接受的性能程度下能夠處理多少工作負荷。例如，對於給定的配置，你可以測量系統在平均反應時間 0.5 秒、95% 請求的反應時間優於 2 秒的條件下，5 秒內可以處理的請求數量。然後，你可以逐步增加系統資源（例如，每次增加 20%），再次測量吞吐量，並使用這些值之間的比率來描述系統在這項工作負荷增加資源方面的可擴展性。

與性能一樣，成本也是一個因素。你也可以估計達到給定的工作負荷能力，和工作負荷增加的資源成本（例如，硬體或雲端存儲空間）。

測量存儲空間及它的成本也是測量架構有效性的機會。這種測量相當簡單：滿足特定要求所需的存儲空間大小（像是支援性能的索引或支援監管的資料保留），以及這存儲空間的成本。

系統的操作方面也提供了評估可擴展性的機會。例如，一項重要的測量標準可能是支援特定程度工作負荷的系統所需要的人數（像是處理例外所需要的業務操作人員，或執行日常操作工作所需要的系統操作人員）。

當你確定一組測量方式來衡量這些可擴展性的因素時，你就可以在這些特定程度資源的要求下描述系統的能力。比較不同資源程度下的能力，有助於你以對利益相關者有意義的方式，了解其可擴展性的特徵。這讓你可以評估可擴展性是可以接受的或是需要在架構上的關注。它還可以幫助你了解，隨著時間的推移可擴展性是變好還是變壞。

測量可擴展性時的常見問題

在性能部分提到的許多常見問題也適用於可擴展性，另外有一些額外的複雜問題如下：

不可預知的瓶頸

> 當調查複雜分散式系統的可擴展性時，發現完全不可預知的瓶頸是很常見的。在你發現並解決它們之前，這些瓶頸會劇烈降低可擴展性測量的有效性和有用性。對系統的可擴展性特徵進行盡可能多的探索性測試，以了解如何最好地建立有用的可擴展性測量。

不可預知的非線性行為

> 一個相關的問題是不可預知的非線性可擴展性行為，像是即使執行期資源增加，當系統無法處理幾乎與預期一樣多的額外工作負荷時的行為。除非我們知道這種行為發生在哪裡，否則它們會使測量的價值降低。在系統設計時花些時間避免這種情況，並進行探索性測試以更深入了解這問題，這似乎始終是一個好主意。

合併資源

對於某些類型的工作負荷而言，添加更多容量只涉及增加一種計算資源（像是增加更多 CPU 容量以獲得更多的計算密集型吞吐量）。但是，大多數工作負荷需要混合的資源（例如，擴展資料庫通常需要記憶體以及 CPU，可能還有磁碟 I/O）。在你的可擴展性測量中要考慮到這一點；例如，你可能需要一個與網絡請求處理所需的 CPU 和記憶體相關的測量。

可用性

可用性是系統的服務在特定期間內可供使用的測量。它可能會受到計畫內不可用性（像是系統維護）和計畫外可用性（失效）的影響。

測量可用性時的注意事項

已經被用於描述的傳統可用性指標是平均失效間隔時間（MTBF），它測量系統出現失效的頻率（可靠性）。可用性的另一個面向是從失效中恢復需要多長的時間，這通常稱為平均恢復時間（MTTR）。John Allspaw 在 2010 年提出的著名觀點是，從事故中恢復所需要的時間通常比事故發生的頻率更重要[4]，使這個指標受到更多關注。

考慮 MTTR 的一個優點是你可以在建構系統時對它進行設計、估計和測試，而 MTBF 只有在發生大量失效後才能估計。通常很難找到估計 MTBF 的合理參數。一種實用的方法是在開發系統的時候對可能的或實際的 MTTR 進行建模和測試，使用這些值和 MTBF 的粗略估算來估計可用性，然後在獲得實際的測量值後再用實際值精煉。

可用性的另一個面向是考慮可能的資料損失。這涉及到與其他目標的權衡，包括 MTTR。為此，你將使用恢復點目標（RPO）和恢復時間目標（RTO）這些指標。RPO 定義了你準備損失的資料量（通常以時間或交易來測量，像「10 分鐘的更新」或「100 個交易」）。RTO 定義了在失效後準備等待資料可用的時間長度。當然，RTO 會影響 MTTR，但它是不同的指標。例如，一個系統也許能夠在只有部分資料可用的情況下恢復服務，產生比 MTTR 更長的 RTO；RPO 和 RTO 通常是負相關的。如果你可以接受無限大的 RPO（也就是說，你可以損失所有資料），那你通常可以實現近似零的 RTO——然而如果每個位元組都重要，則 RTO 可能會相當長。

你可以在開發過程中對 RPO 和 RTO 進行建模和測試，然後在任何操作事故發生後測量實際值。

4 John Allspaw, "MTTR Is More Important Than MTBF (for Most Types of F)," *Kitchen Soap*, November 7, 2010, *https://oreil.ly/NFLYz*。

測量可用性時的常見問題

讓我們看看在測量可用性時經常出現的一些問題：

測量 *MTBF*

雖然我們可以設計一個滿足 MTTR、RPO 和 RTO 目標的系統，經由定量模型來估計它們，並經由測試來測量它們。但是 MTBF 較難處理，你只能透過可靠性模型（這對估計軟體失效不太有用）或在執行中當真正的失效發生時（我們都試圖避免的情況），真正地估計它。真正解決這個問題的唯一方法是從你可以存取的其他系統收集失效資訊——可能在同一個組織內——並將它們用作 MTBF 值的代理，直到你有一些自己來之不易的資料。

不同的失效模式

如前所述，像 MTTR 和 RPO 等在測量單一的、原子的軟體組件，概念上相當簡單。問題在於，實際系統有許多組件可能會以創新的方式失效。這意味著對於任何實際系統，你都需要考慮一組 MTTR、MTBF、RPO 和 RTO 測量，然後以某種方式合併它們以獲得宏觀的看法。這依你的環境而定，我的建議是仔細考慮系統不同部分的指標如何合併以形成整個系統的一組指標。

「9」的暴政

傳統上，軟體行業一直專注在系統的單一可用性指標：**可用性百分比**。這通常以「9」的數量衡量：例如，99.99% 或「4 個 9」，將等於每週 1 分鐘的不可用性。問題是這種可用性的看法太過簡化，像是失效的模式和時間等因素對它的影響有很大效果，但是這個測量並未考慮到。此外，通常會要求高的可用性百分比（像是「5 個 9」——99.999% 或每天 1 秒的不可用性），因很接近 100% 以至於毫無意義；對以「9」表示的要求要有警惕。相反的，用失效場景來了解業務需求，並發展出如何估計和測量系統每個部分的關鍵可用性指標。

安全性

安全性是一種複雜且多方面的品質，在許多地方都會出現，包括基礎架構、應用軟體和系統周圍人的流程。它非常重要，也很難測量。在有人發現它造成的漏洞並決定利用它之前，一個微妙的錯誤可能會處於蟄伏狀態；而突然之間，你就遭遇到了一個影響很大的安全問題。

但是，你可以測量安全性的某些面向，以更了解你的現況以及將你架構的注意力集中在哪裡。

測量安全性時的考慮事項

安全性的明顯測量是系統遭受了多少安全事故，但不要等到有事故才評估安全性！你可以在系統開發和運行過程中不斷地執行代理測量。這些測量包括：

靜態程式碼分析

這可以確認程式碼中可能安全性漏洞的數量。

動態分析

自動滲透測試（也稱為動態分析）以及手動滲透測試，將找出並統計部署在測試或操作環境中系統的漏洞。

基礎架構掃描

基礎架構掃描測試揭露了基礎架構平台上可能的漏洞（同樣地，在測試或操作環境中）。

我們可以藉由風險對這些測量加權，包括它們發生的可能性和潛在影響，並將它們的值彙總作為安全性的代理測量。當然，這意味著是測量測試過程的結果，而不是系統的實際安全性。但是像這樣的代理測量，是我們所知測量安全性並判斷它是變好或變壞的最好方法。

測量安全性時的常見問題

當測量安全性時需要注意的一些事項如下：

環境一致性

如果你在測試環境和操作環境中測量安全性，要確保它們有相同的配置（或至少盡可能地接近相同），以避免結果不一致。

安全身分

在測試和操作環境中使用相同的安全身分（對使用者、憑證等）通常是個壞主意。你可能無法實現這種特定類型的跨環境一致性，因此在分析安全性測試結果時要注意這一點。

誤報

許多安全性工具，尤其是那些用於靜態掃描的工具，會產生很高的測量誤報率。因為這些誤報會扭曲量測結果並使情況看起來比實際情況更糟，所以最好不要將這些包括在安全性測量中。

調整風險

: 並非所有可能的安全性問題都有相同的嚴重性，但要知道如何對它們的風險等級加權（同樣地，這也包括可能性和影響）可能很困難。對這一點沒有簡單的答案，可以請教專家，而且你的判斷會隨著經驗而改善。

知道何時停止

: 很難知道什麼時候測試已經足夠了，因為你無法證明還缺些什麼（像是安全性）。考慮到安全性失效可能造成的嚴重影響，以及很難知道可能的安全性問題出在哪裡，這個問題尤其困難。解決方案是運用專家的判斷，以良好的資料為基礎並從系統的和一致的方法得到。

準備開始

我希望我已經說服你將測量納入你的交付循環並使用測量結果來評估、和指引你軟體架構工作的重要性。下一步是將它應用到你自己的專案上，那麼你應該從哪裡開始呢？

不幸的是，我沒有一個明確的答案給你，因為它確實取決於你的環境、你的優先順序和你系統的特性。我給那些在成熟企業的 Java 系統上工作並且已經有多年操作經驗的人提供的建議，與我給急於使它第一個運營的服務達到臨界品質的金融科技雲端原生初創公司的建議不同。

但是，當你開始研究如何將測量應用到你的專案時，我可以提供一些普遍有用的指引：

從小處著手

: 從收集大量資料並測量容易測量的所有內容開始，總是很誘人的。這看起來是一個很大的進步，但它需要大量的時間和精力，而且很少會得到有用的測量結果。最好是確定一些可以採取行動的具體事情，並從這些事情開始，以儘早顯示真正的進展。

測量重要的事物

: 測量可以幫助你獲得洞察力，並指引你工作的事物才是重要的。我們很**容易**會從容易測量的東西作為起點，但**正確的**起點是確定對你的工作有真正影響的測量，並找到一種測量的方法。這將有助於在過程的初期顯示出測量的價值。

根據你測量的結果採取行動

: 在經由測量得到一些洞察力之後，應確保你明顯地使用這洞察力來推動行動，像是接下來要優先考慮的品質屬性。這也將有助於證明測量的價值。

儘早開始

就如我之前提到的，長久以來測量通常會留到過程中相當晚的時候，那時系統已經在生產中執行了一段時間。我希望已經說服你，藉由使用一系列的測量類型，你可以比這更早開始並在整個交付生命週期中獲得利益。從過程一開始就花些時間將測量納入。

使測量可見

為了使測量得到重視和優先考慮，處於影響地位的人需要了解正在執行的測量以及它產生的影響。所以不要自己留著！定期報告你的測量活動，並讓你專案的環境可以看見測量的輸出。這有助於每個人從你的測量工作中獲益並了解它的價值，而且這可能會激勵其他人加入並開始測量對他們重要的東西。

使測量持續

我鼓勵你將測量整合到交付循環的常規節奏中，這樣當人員建構系統的每個部分時，他們都會考慮哪些測量有用以及如何以正確的機制建構。

如果你能夠遵循這些指引，它們將讓你以實用和漸進的方式將測量納入你的架構工作中，並儘早從中獲得利益。

假設案例的研究

讓我們根據現實生活經驗來研究一個虛構的例子，以了解如何在專案中引入測量。

我們例子的系統是一個稱為 Civis 的新「公民參與平台」，用於有 12 萬人口社區的地方政府組織。這個組織想要為公民存取資訊、向地方政府部門提出請求和申請服務，建立一個單一、統一的數位化界面。

作為這個平台的開發者，我們不確定哪些服務會受到歡迎。我們計劃從小處著手，首先提供一些關鍵的服務，但需要迅速採取行動以增加新的服務（而且可能會移除現有服務），這取決於公民認為什麼是有用的服務。我們也不知道會有多少使用者會參與，所以我們有很多未知數，我們將需要使用探索性和漸進式的方法來建構平台。

這個平台將使用成熟的技術：一組在公共雲端平台上容器中執行的 Java 服務，使用來自雲端供應商的受控關聯式資料庫服務（未來可能會有其他的雲端服務）。我們將把這些服務放在 API 閘道器後面，並建立網絡界面、Android 行動應用程式和 iOS 行動應用程式。

當我們開始設計平台的時候，我們意識到資料庫大小很重要，原因有很多，包括成本、性能和靈活性。我們建立了一個簡單的試算表模型來估計資料表的數量、在每個重要的資料庫資料表中預計的列數、以及在不同使用場景下預計需要的資料庫存儲量（我們將保留這試算表以供以後再次使用）。這些內部工件的測量和估計是我們的第一組測量，它們的目的是幫助我們了解在這個階段是否需要優化資料庫設計。

當我們開始建構這個平台的時候，我們知道需要關注程式碼品質和可維護性。畢竟，這個平台在未來可能需要很多改變。因此，我們實作了一個靜態分析工具，並使用它在我們的交付管道中建立程式碼複雜性測量。我們將它包裝在一個適應度函數中（在這個階段它只是一個簡單的 Python 腳本，如果複雜性太高的話，它會中斷建構），我們從管道的一個動作中呼叫這測量。這種內部工件測量指出我們何時需要花一些時間重構或重新思考我們的架構結構。

由於這是一個面向公眾的系統，裡面包含了一些敏感的資訊，我們決定開始測量安全性。我們還沒有準備好進行滲透測試，但是我們可以做一些靜態安全分析，所以我們將它增加到管道中。我們獲得了一個彙總的「漏洞」指標，在每次管道執行時都會儲存這指標，以查看當程式碼更改時引入的漏洞趨勢。這種內部工件測量可以作為安全意識的代理，並會提醒我們需要在安全方面花費更多時間的程式碼區域。我們還沒有為這個測量增加自動適應度函數，因為我們認為這個指標在一段時間內是不穩定的。

可用性和性能是關鍵的操作問題，因此我們希望儘早在關鍵使用場景中開始測量它們。

我們建立了一組反應時間測量，並將它們包裝成一個含有一組可以在持續整合環境中執行自動化測試的性能指標，我們將監控這個指標的趨勢。我們還將它包裝在一個自動適應度函數中，以便在如果它超出了可接受範圍的時候提醒我們。當我們需要在系統層級上審查性能以確保架構仍然能夠滿足我們性能要求的時候，這種外部操作測量會提醒我們。我們很快就會在操作環境中使用這些測試。

我們撰寫了一些恢復時間的測試，讓我們可以開始估計從不同失效中恢復需要多長時間，也因此估計了我們系統的預期可用性。這種內部和外部操作測量的結合將提醒我們何時需要審查我們的恢復方法，並在需要的時候重新設計它。我們建立了一個試算表模型作為一種手動適應度函數來幫助我們完成這件事。

一旦我們在生產中開始執行程式碼，我們會想要立即開始測量它。最後，我們的初始程式碼被真正使用了！我們經由行動應用程式和網絡請求進行正常的使用測量，但也開始監控我們的資料庫大小和每個主要資料表中項目的數量，繪製這些趨勢並將它們與我們在開始時建立的估計試算表進行比較。我們使用這種內部操作測量來估計資料庫可能的成長，以及我們可能需要將注意力專注在優化它儲存空間的地方。

隨著時間的推移，生產環境確實偶爾會出現失效，所以我們手動的記錄失效之間的時間和恢復時間的統計資料。我們計算系統的實際可用性並將它即時地回報給利益相關者（包括這地區的居民）。這種外部操作測量會提醒我們，是否需要在可用性變成危機之前主動地關注它。

隨著平台的持續開發，我們繼續增加或在某些情況下刪除測量，作為我們交付循環的一部分。這是我們如何知道系統是否滿足它的關鍵品質屬性要求、架構是否有效，以及將注意力專注在哪裡以獲得最大影響的方式。

因此，我們從一開始就使用測量來提高我們軟體架構工作的有效性。我們在專案初期就以一種簡單的方式開始，然後在過程中增加更多的測量，以指引我們聚焦我們的時間和注意力。

雖然這是一個完全虛構的例子，但它反映了我在軟體架構工作中應用測量的一般經驗。也許它會激發你一些關於如何將測量應用到自己專案的想法。

陷阱

本節我將簡要地總結應用測量的常見錯誤和問題，察覺到這些陷阱將有助於你在工作中避免它們：

專注於機制而非測量

設計和實作測量機制可能是一項複雜且吸引人的工作，而且有讓人迷失在實作的細節而不是專注測量本身的危險。這導致了令人印象深刻的測量基礎架構，但有用的測量則相對較少。從小處著手，盡可能用最簡單的機制，然後在測量工作提供價值後再增加複雜性。

根據容易測量的事情選擇測量方法

有些事情很難測量，而從容易測量的事情開始測量是可以理解的趨勢，像是程式碼大小和反應時間。在過程的初期做一些簡單的測量以快速獲得一些結果是值得的，但如果要有很大的影響，你需要測量對系統最重要的事情——即使這很困難。

對技術的專注要高於業務測量

測量技術的事物（像資料庫的恢復時間）幾乎總是比測量業務相關的事物（像每小時的總收入）更容易。但是，如果你只專注在技術的測量，業務利益相關者就不太能理解或重視測量工作。為確保你優先考慮正確的事情，應考慮所有利益相關者的觀點，要考慮業務領域測量以及純技術的測量。

不採取行動

進行好的測量，確定如何排定工作優先順序，然後什麼也不做，這是很容易的。因為總是會有危機需要處理。但是，如果測量要有價值，你需要有使用它結果的方法。優先考慮你的發現所產生的行動，達到這一目標的一種方法，是在每個衝刺中包含一定比例的時間用於**優化工作**或根據測量工作的結果採取行動。

準確性優先於有用性

作為訓練有素的工程師和科學家，我們往往有強烈的願望來改善我們測量的準確度。這是一個很好的直覺，但通常在某個點上，進一步的準確性將不會改善你的決策。記住要注意這一點，以免浪費時間和精力。

測量太多

相關的問題是知道要做多少測量。現今尖端的平台能夠以可接受的成本進行大量測量。隨著時間的推移，從小處著手的一部分是防止你的測量工作成為產生大量資料和數十個價值有限的測量怪物。隨著時間的過去，檢視你的測量並持續詢問它們是否仍然有用，或者是否可以關閉一些。

避免這些常見的陷阱將增加使你的測量工作更有價值和可持續的機會。

結論

本章探討了為什麼測量是軟體架構工作的重要組成部分。你已經了解到：

- 測量系統的品質屬性是判斷我們的架構工作是否有效的少數方法之一。
- 測量使我們能夠了解我們需要將更多的架構注意力專注在哪裡，因而幫助我們確定工作的優先順序，並在不同類型的架構工作之間做出艱難但合理的選擇。
- 測量也迫使我們找到使我們的品質屬性可測量的方法，並將我們的要求具體化（有時它清楚地揭露了哪些地方是不可能的）。這種具體性有助於產生品質屬性的要求，並改善與利益相關者的溝通。

一旦你了解了你的系統需要達到的品質屬性，你就可以確定能夠提供這些特徵的測量、並相應地設計具體的實作。

就如你之前所了解的，有不同類型的測量，有些專注於系統本身，有些專注在建構系統所涉及的工件，有些測量品質屬性的外部可見面向，還有些測量系統的內部面向。當你確定要進行的測量時，對它們進行分類以了解每種測量的價值（和限制）。

一旦你的測量機制到位，你就可以開始將測量結果饋送到你的持續架構循環中，並與需求進行比較（在可能的情況下經由適應度函數）。這個回饋循環突顯了系統中不符合要求並需要架構關注的區域。以這種方式使用測量，將使你有能力清楚地說明不同類型架構工作的價值，並讓你有正在從事最重要和最有益事情的信心。

第八章

從指標到工程的進展

Neal Ford

我在大學裡走了一條迂迴的學習路程，沿途選擇了許多不同的專業。幾年來，我孜孜不倦地追求機械工程的教育道路。我獲得了兩年制物理學位，並開始在附近一所主要工程大學碩士的進修課程。一年後，我決定改學計算機科學（我喜歡而不是忍受的課程）並永遠離開物理工程的領域。

然而，我花了足夠的時間研究這門學科，以欣賞物理學的基礎數學與它如何演變為現實世界的機械工程學科之間的差異。數學形成了測量，但在工程師確實弄清楚數學如何反映現實世界之前，他們是無法使用這些知識來建構事物的。

架構師和開發人員與指標之間具有像工程師與物理學間相同的關係：指標形成測量，但在有用的脈絡中評估測量會將指標轉換為工程的實踐。幾十年來，架構師和開發人員一直在使用指標來驗證架構的各個部分，但通常是以一種特別的方式。我們需要的是一種一致的方法，來使用支援工程的指標。雖然軟體工程的發展遠不及物理工程，但我們正在學習如何將測量的結果轉化為工程的實踐。

適應度函數的路徑

在我與 Patrick Kua 和 Rebecca Parsons 合著的《*Building Evolutionary Architectures*》中，我們定義了架構適應度函數的概念。Rebecca Parsons 有設計遺傳演算法方面的經驗，這些演算法會產生一個結果，然後自我突變產生另一個結果，這樣一直反覆到發生某種終止條件為止。例如，一種稱為輪盤突變的突變技術：如果演算法使用一個或多個常數值，則這個突變會隨機選擇一個新值，就像從賭博輪盤中選擇一樣。

在設計這種演算法的時候，創造者可能想要影響突變。例如，也許他們注意到較低或負值會產生更理想的結果。因此設計者使用一種有助於確定設計適合性的目標函數，稱為**適應度函數**的機制。

在《*Building Evolutionary Architectures*》書中，我們混合了軟體架構管理和適應度函數的概念，以定義架構適應度函數：「架構適應度函數是為架構特徵提供客觀評估標準的任何機制。[1]」

在這個定義中有幾個值得注意的術語，讓我們以它們出現的相反順序來看看：

架構特徵

架構師可以將設計的結構部分分解為**領域**和**架構特徵**。**領域**是撰寫軟體的動機，即問題領域。**架構特徵**（也稱為非功能性需求、橫割需求、系統品質屬性等）是非領域設計的考慮因素：性能、可擴展性、彈性、可用性等。適應度函數主要關心的是架構特徵，因為我們早已經有了成熟的領域測試工具：單元、功能、使用者接收測試等。但是，到目前為止，架構特徵的驗證是臨時的，分為建構時檢查、生產監視器、取證日誌和許多其他工具。適應度函數將這些驗證合在一起——這些東西總是相關的（驗證架構特徵），但沒有一致地處理。

客觀的評價標準

架構特徵存有許多不同的定義，而且因為軟體開發生態系統改變的速度，業界從未成功的定義出一個標準清單。例如，網絡應用程式的性能測量不適用於行動應用程式——當生態系統改變，我們測量的事物類型也會改變。但是，無論架構特徵是什麼，架構師都必須能夠透過客觀地測量來驗證它。

一些架構特徵太過包羅萬象，像是**可靠性**，它可以包括可用性、資料完整性和許多其他特徵。這些被稱為**複合架構特徵**，是由其他客觀可測量值的組成。因此，如果架構師無法確定如何測量某樣事物，那麼也許它是一個複合物，需要進一步分解。

任何機制

開發人員習慣於為他們給定的平台使用單一的測試工具。例如，對於 Java 平台，存在許多與平台相關的測試框架。但是，架構超越了單一平台，並包含了許多不同種類的行為。因此，架構師和開發人員必須使用各種工具為專案實作適應度函數：測試庫、性能監視器、混沌工程等。

1 Ford, Parsons, and Kua, "Chapter 2: Fitness Functions," in *Building Evolutionary Architectures*。繁體中文版《建立演進式系統架構｜支援常態性的變更》「第 2 章：適應度函數」。

架構師必須拓寬他們對什麼構成驗證的看法，超越領域使用的測試工具，如圖 8-1 所示。

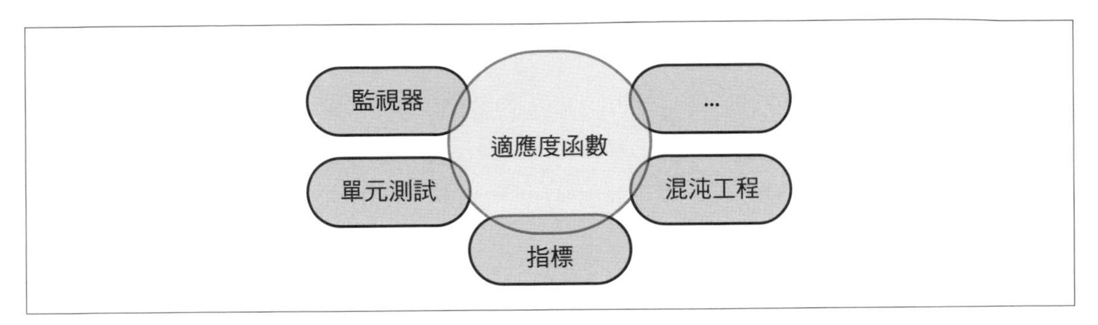

圖 8-1　適應度函數包括各種工具和機制

如圖 8-1 所示，適應度函數與單元測試重疊；兩者都在單元測試和專用庫中使用程式碼等級的指標，像是 SonarQube（*https://www.sonarqube.org*）的指標評估工具、操作架構特徵的監視器，像是 Netflix 的 Simian Army（*https://oreil.ly/08qk4*）的整體壓力測試框架，以及許多其他工具。

*適應度函數*是架構師驗證架構不同部分各種方法的一致術語，但只有透過自動化，這種做法才能成為工程。

從指標到工程

指標如何成為適應度函數？這是經由常規的應用程式而發生，偏好在每次程式碼更改時自動執行，並在單元和其他類型的領域測試後建立模型。

許多團隊使用工具，像前面提到的 SonarQube，連接到他們的建構中以建立資訊看板和其他程式碼品質測量。事實上，本書充滿了出色的架構驗證候選者。但是，如果團隊不採取定期執行指標額外的步驟，並建立客觀的閾值，那麼收集的指標就成為事後的證據而不是主動的力量。

這裡有一個例子：一個組件循環檢查。這是一個常見的程式碼等級指標，幾乎適用於所有平台。考慮圖 8-2 中的三個組件。

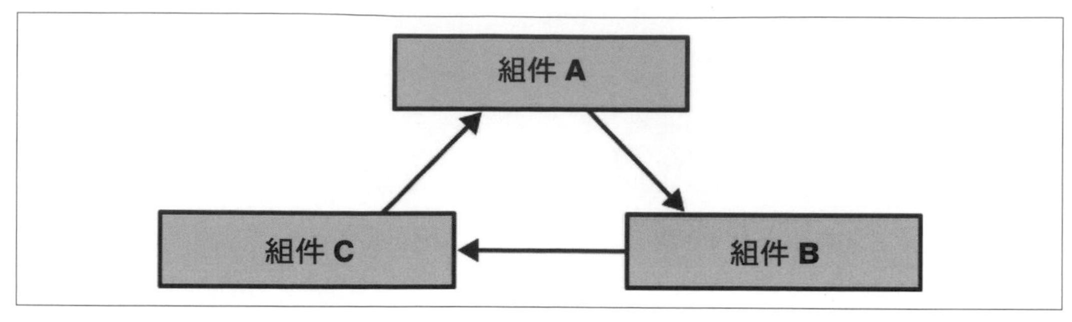

圖 8-2　循環關係中所涉及的三個組件

圖 8-2 顯示的循環相依性被認為是一種反模式，因為當開發人員試圖重用其中一個組件時，它會呈現出困難——每個糾纏在一起的組件也必須隨之出現。因此，一般來說，架構師希望保持較低的循環數；但是，宇宙正在積極地與架構師經由方便的工具防止這個問題的願望作對。當開發人員引用一個在現代 IDE 中他們還未引用過的命名空間 / 套件的類別時會發生什麼事？它會彈出一個自動匯入對話框以自動地匯入必要的套件。

開發人員已經習慣了這種直觀功能，以至於他們將它當成一種反射動作處理，而從未真正注意過。大多數的時候，自動匯入非常方便，它不會造成任何問題。但是，偶爾它會建立一個組件循環——架構師要如何防止這種情況發生呢？

考慮圖 8-3 所顯示的一組套件。

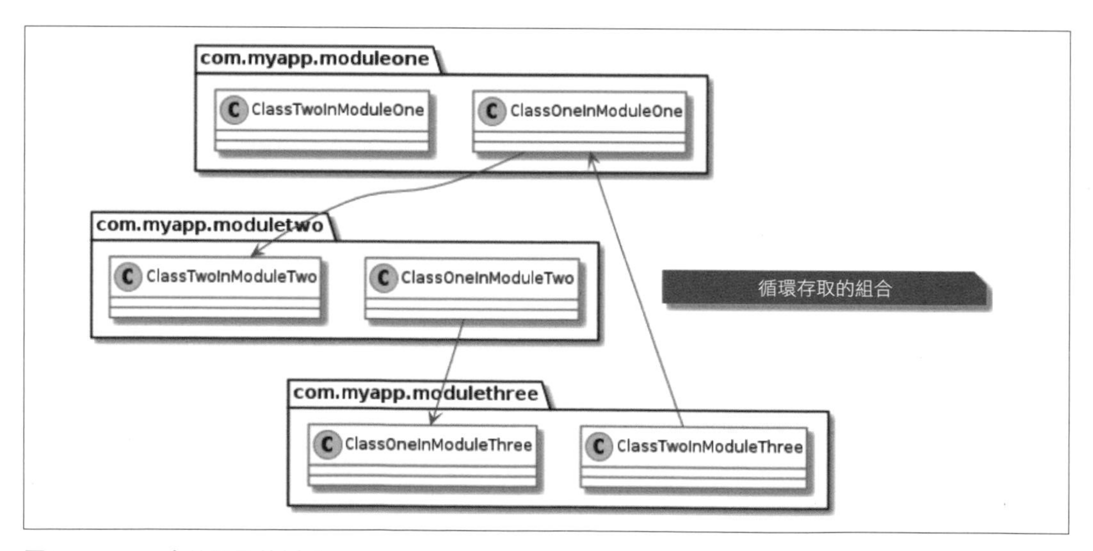

圖 8-3　Java 套件顯露的循環

ArchUnit（*https://www.archunit.org*）是一個由 JUnit 所啟發（並使用了 JUnit 的一些架構）的測試工具，但用於測試各種架構特性，包括特定範圍內循環檢查的驗證，如範例 8-1 所示。

範例 8-1 ArchUnit 包括檢測組件循環的能力

```
public class CycleTest {
    @Test
    public void test_for_cycles() {
        slices().
          matching("com.myapp.(*)..").
          should().beFreeOfCycles()
}
```

範例 8-1 中的測試是在各式各樣工具中使用的常見指標——它如何轉換到工程？藉由自動化的持續應用，如圖 8-4 所示。

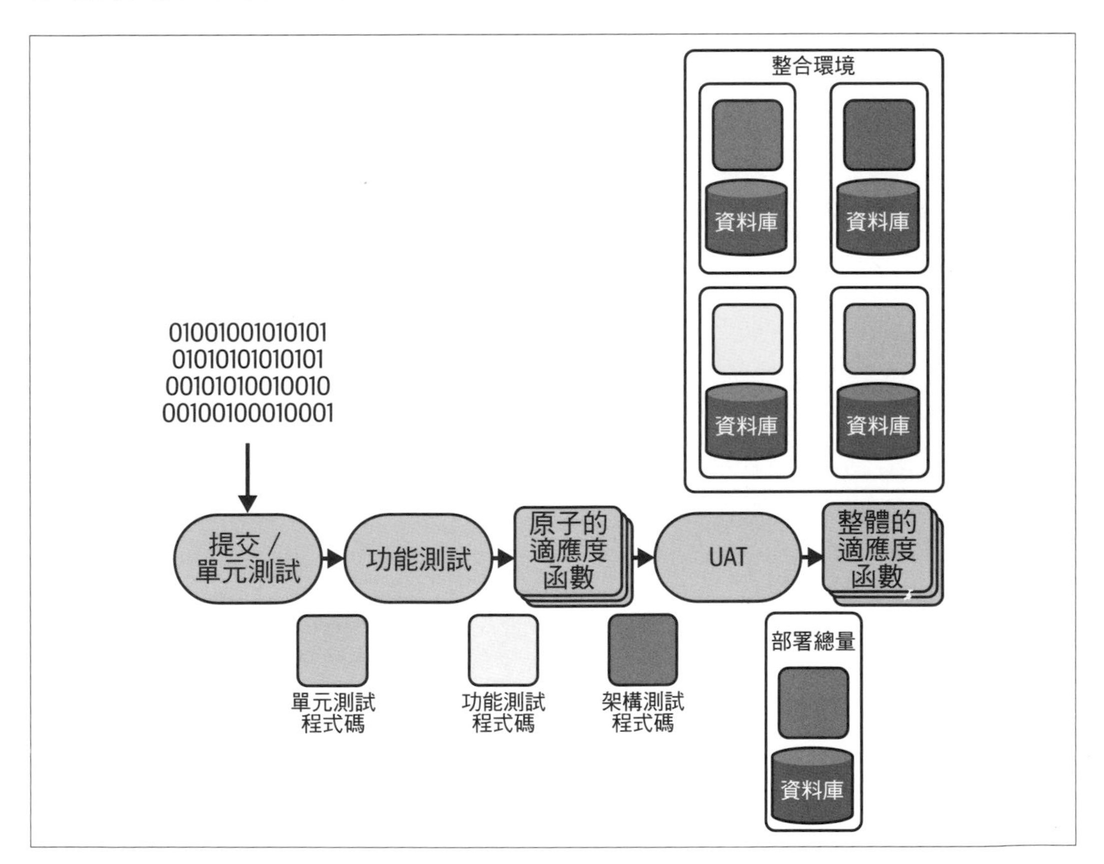

圖 8-4 將適應度函數加入持續整合 / 部署管道

如圖 8-4 所示，適應度函數與專案中早已存在的驗證機制，像是單元、功能和使用者接收測試等並存。適應度函數的持續執行，確保架構師能盡快發現管理上的違規。

操作化指標的自動化

在 1990 年代初期，Kent Beck 帶領了一群開發人員，他們發現了後續三十年軟體工程進步的驅動力之一。他和一群具有前瞻性的開發人員在 C3 專案上工作，團隊成員精通軟體開發過程的目前趨勢，但不為所動：當時流行的過程似乎沒有一個取得任何類型的一致性成功。因此 Kent 開始了**極限程式設計**（XP）的想法：根據過去的經驗，團隊把他們知道運作良好的事物，用最極端的方式去做。例如，他們的集體經驗是有高測試覆蓋率的專案，往往具有較高品質的程式碼。他們建立了**測試驅動的開發**，保證所有程式碼都會經過測試，因為測試優於程式碼。

他們的主要觀察之一圍繞著整合。在那時候，通常的做法是大多數軟體專案都有一個整合階段。開發人員被期望獨立地撰寫程式碼數週或數月，然後在專案的整合階段將他們的更改合併在一起。事實上，當時許多流行的版本控制工具（像是 ClearCase）在開發人員層次上強制進行這種隔離。這種做法是根據經常應用在軟體上的許多製造業的隱喻。XP 開發人員注意到過去專案中的一個相關性，即更頻繁的整合會導致更少的問題，這引導他們建立了**持續整合**：每個開發人員每天至少提交給開發主線一次。

持續整合和許多其他 XP 實踐，說明了自動化和增量改變的力量。使用持續整合的團隊不僅花更少時間定期執行合併工作，而且在**總體**上使用的時間也更少。當團隊使用持續整合時，一出現有合併衝突就會儘快地解決，至少每天一次。當專案改用最終整合階段時，他們讓合併衝突的混合量成長為一個泥球，他們必須在專案結束時解開這個泥球。

自動化不僅對整合很重要，而且也是工程優化的力量。在持續整合之前，團隊要求開發人員一再地花時間執行手動工作（整合和合併）；持續整合（以及它相關的節奏）自動地消除了大部分痛苦。

2000 年代初期在 DevOps 大變革的期間，我們重新認識了自動化的好處。團隊在運營中心四處奔波，安裝作業系統並申請修補和其他手動的工作，使重要問題被遺漏了。在出現像是 Puppet 和 Chef 等工具實現自動機器配置後，團隊可以使基礎架構自動化並強制執行一致性。

在《*Building Evolutionary Architectures*》書中，我們觀察到了同樣的現象：架構師試圖通過程式碼審查、架構審查委員會和其他手動官僚體制的過程執行管理檢查。藉由將適應度函數與持續整合聯繫起來，架構師可以將指標和其他管理檢查轉換成定期申請的完整性驗證。

範例 8-1 中的循環適應度函數體現了自動化管理的優勢。要不然架構師要如何防止組件循環？程式碼審查和其他手動驗證，需要干預並延遲管理檢查。將自動適應度函數測試放到位，可以防止破壞性程式碼進入程式碼存儲庫，而無需架構師有超人般的勤奮。

案例研究：耦合

開發人員應該尋找特定平台的適應度函數框架，但如果特定工具不存在也不應絕望。這是一個關於結構指標測試的例子，首先使用現有的工具，然後在必要的時候建構一個工具。

內部組件結構是架構的一個常見的面向，它從團隊可以經由指標檢查的管理中獲益。考慮如圖 8-5 所示分層架構的常見架構樣式。

圖 8-5　傳統分層架構樣式的拓撲

架構師設計圖 8-5 所示的分層樣式，以確保關注點分離。但是，一旦架構師設計了這種架構，他們如何能確保開發團隊能夠正確地實作呢？團隊可能不知道隔離的重要性，或者架構師在認為請求寬恕比請求許可更可取的組織中工作。

在任何一種情況下，架構師都可以透過使用 ArchUnit 為這個拓撲定義結構測試，來確保他們的設計被正確地實作。考慮圖 8-6 所示的套件結構。

架構師可以定義管理規則，以透過單元測試保持圖 8-6 所示的架構結構，包括來自 ArchUnit 框架的以下內容。

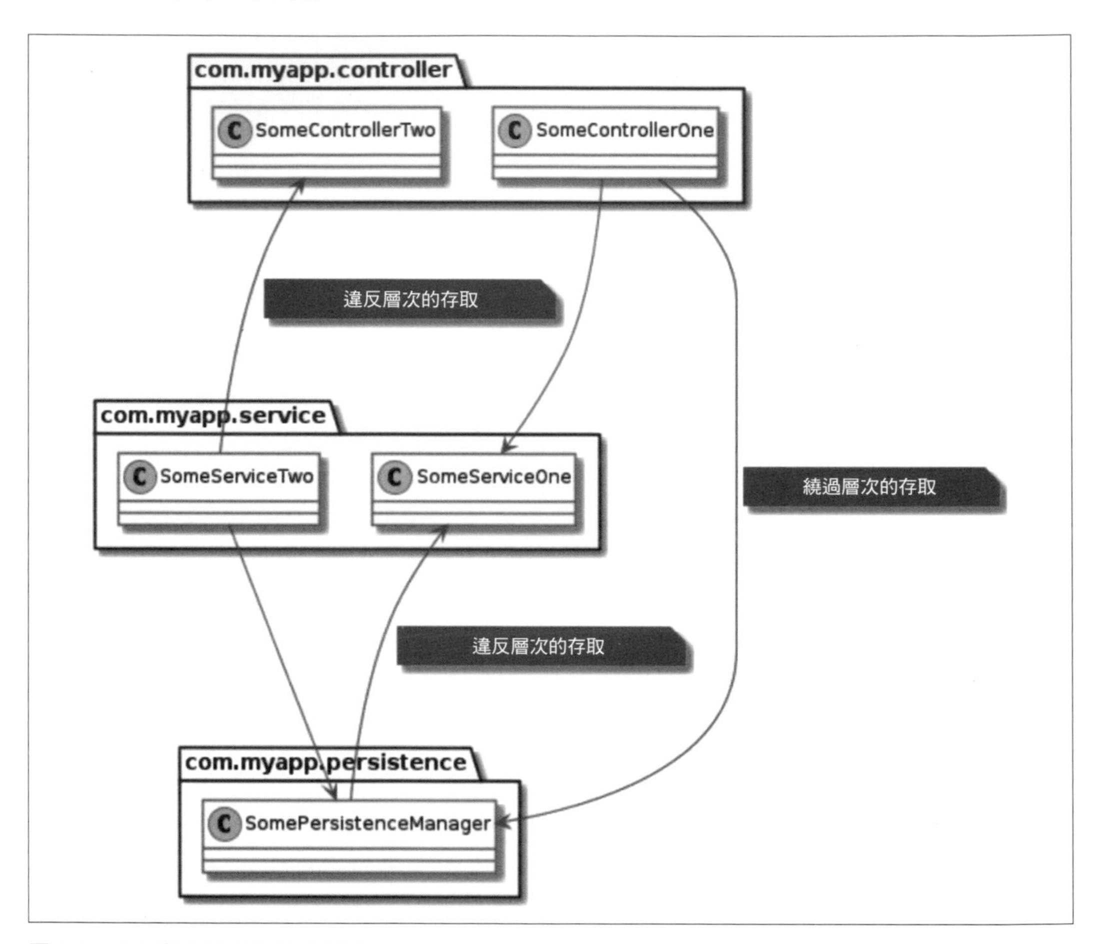

圖 8-6　分層架構的套件結構說明

使用範例 8-2 中的程式碼，架構師可以使用 ArchUnit 中所包含的 Hamcrest 匹配器製作一個類似英語的單元測試，以定義分層的關係，並排除不希望的耦合。

範例 *8-2* 驗證分層架構的 *ArchUnit* 單元測試

```
layeredArchitecture()
  .layer("Controller").definedBy("..controller..")
  .layer("Service").definedBy("..service..")
  .layer("Persistence").definedBy("..persistence..")

  .whereLayer("Controller").mayNotBeAccessedByAnyLayer()
  .whereLayer("Service").mayNotBeAccessedByAnyLayer("Controller")
  .whereLayer("Persistence").mayNotBeAccessedByAnyLayer("Service")
```

使用像 ArchUnit 之類的工具非常方便——但只適用於 Java 平台上的團隊，而且只能進行編譯期的驗證。類似的工具 NetArchTest（*https://oreil.ly/CUako*）可以使用於 .NET 平台。但對於不同的平台呢？更重要的是，對像是微服務等分散式架構進行相同類型的驗證呢？

通常，架構解決方案需要手動的滾動修正。大多數的架構不是通用的，而是好 / 壞、舊 / 新、選擇 / 強加等工具以及框架、套件等的大雜燴。但是，透過使用標準工具，架構師可以建構用於相同目的的簡單適應度函數。

例如，考慮圖 8-7 所示的微服務拓撲。

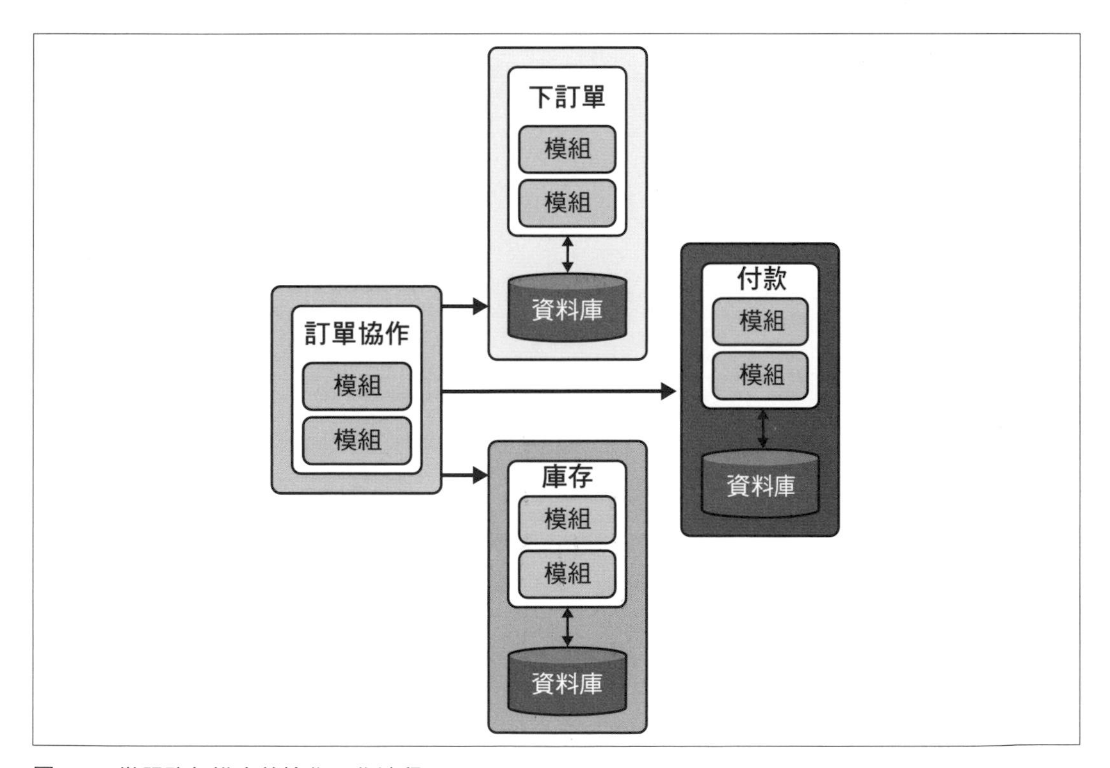

圖 8-7　微服務架構中的協作工作流程

在圖 8-7 中，最左側的服務充當協作器，協調右側三個領域服務的工作流程。作為一個架構師，我想要確保領域服務不會相互作用——只能透過協作器。

雖然這個問題與圖 8-6 所示的分層拓撲問題類似，但沒有單一的工具來管理它，因為考慮到分散式架構之間可能的變異，建構這樣的工具幾乎是不可能的。這是架構師必須用他們可用的技術混合能力，自己拼湊必要工具的一個很好的例子。

架構師可以實作適應度函數來驗證協作器的通訊，虛擬程式碼如範例 8-3 所示。

範例 8-3　驗證允許協作器通訊的適應度函數虛擬程式碼

```
def ensure_domain_services_communicate_only_with_orchestrator
  list_of_services = List.new()
                        .add("orchestrator")
                        .add("order placement")
                        .add("payment")
                        .add("inventory")
  list_of_services.each { |service|
    service.import_logsFor(24.hours)
    calls_from(service).each { |call|
      unless call.destination.equals("orchestrator")
          raise FitnessFunctionFailure.new()
    }
   }
end
```

在範例 8-3 中，架構師定義了服務清單和所需要的通訊規則。但是，與 ArchUnit 的情況不同，現在沒有為你特定架構驗證這些規則的框架。因此，架構師必須撰寫程式碼找出建構驗證所必須的資訊。在這個例子中，我們假設每個服務都為它在特定時間快照內，進行的所有服務呼叫提供日誌記錄。適應度函數的主體為每個服務載入最近 24 小時的日誌，然後解析每個日誌以確定呼叫的目的地。如果目的地與規則不同，程式碼將拋出例外以指出有失效。

架構師可以用多種方式實作範例 8-3 中的適應度函數。例如，如果團隊使用監視器而不是取證日誌，那適應度函數將被連接到有關服務呼叫的即時資訊中，而且適應度函數將利用事件處理程序來調查並在錯誤的呼叫時觸發警示。

重要的是，如果架構師不能立即找到現成的工具下載來實作適應度函數，他們也不必絕望。現代開發生態系統中存在許多的工具，可以讓小型特別的適應度函數將它們的輸出結合在一起。

案例研究：零時差安全檢查

根據大量現存的例子，架構師通常將指標視為對程式碼的低階評估。但是，當與適應度函數相結合時，則範圍可以隨組織的需要而擴大。

2017 年 9 月 7 日，美國一家主要的信用評等機構 Equifax 宣佈發生了資料外洩。這問題被追溯到 Java 生態系統中流行的 Struts 網路框架的駭客攻擊漏洞（Apache Struts vCVE-2017-5638）。Apache 基金會在 2017 年 3 月 7 日發表一份聲明，宣佈這個漏洞並發布補丁。國土安全部第二天聯繫了 Equifax 和類似的公司，警告他們這個問題，他們在 2017 年 3 月 15 日進行掃描，發現了大多數受到影響的系統⋯⋯它們中的**大部分**。因此，直到 2017 年 7 月 29 日，當 Equifax 的安全專家確認導致最終發生在 2017 年 9 月的資料外洩駭客行為時，關鍵補丁才被應用於許多舊的系統上。

想像另一個場景，其中每個專案（即使它是閒置的）都有一個部署管道，而安全團隊在每個團隊的部署管道中都有一個「插槽」，讓他們可以在其中部署適應度函數，如圖 8-8 所示。

大多數的時候，圖 8-8 所示的安全階段會為了保護而執行普通的檢查，像是防止開發人員將密碼儲存在資料庫中以及類似的常規管理工作。但是，當零時差不尋常的行為出現時，採用相同機制讓安全團隊在每個專案中插入一個測試，檢查某個框架和版本號，並啟動專案的建構。如果它發現了危險的版本，就會使建構失敗並通知安全團隊。如果 Equifax 的架構師讓所有專案仍然在使用部署管道，即使是那些不在積極開發中的專案，它也能夠自動化的管理。團隊配置部署管道，為任何的改變而喚醒生態系統：程式碼、資料庫模式、部署配置和適應度函數。這讓企業能夠用比人通常為指標考慮的還要廣泛的範圍，普遍地將重要的管理工作自動化。

適應度函數為架構師提供了許多好處，其中最重要的是有機會再次進行編碼！架構師一個普遍的抱怨問題是他們不再寫很多程式碼了——但適應度函數往往就是程式碼！透過建立一個可執行的架構規範，任何人都可以藉由執行專案建構來隨時驗證，架構師必須很好地了解系統和它持續的演進，這與在專案發展過程中跟上專案程式碼的核心目標重疊。

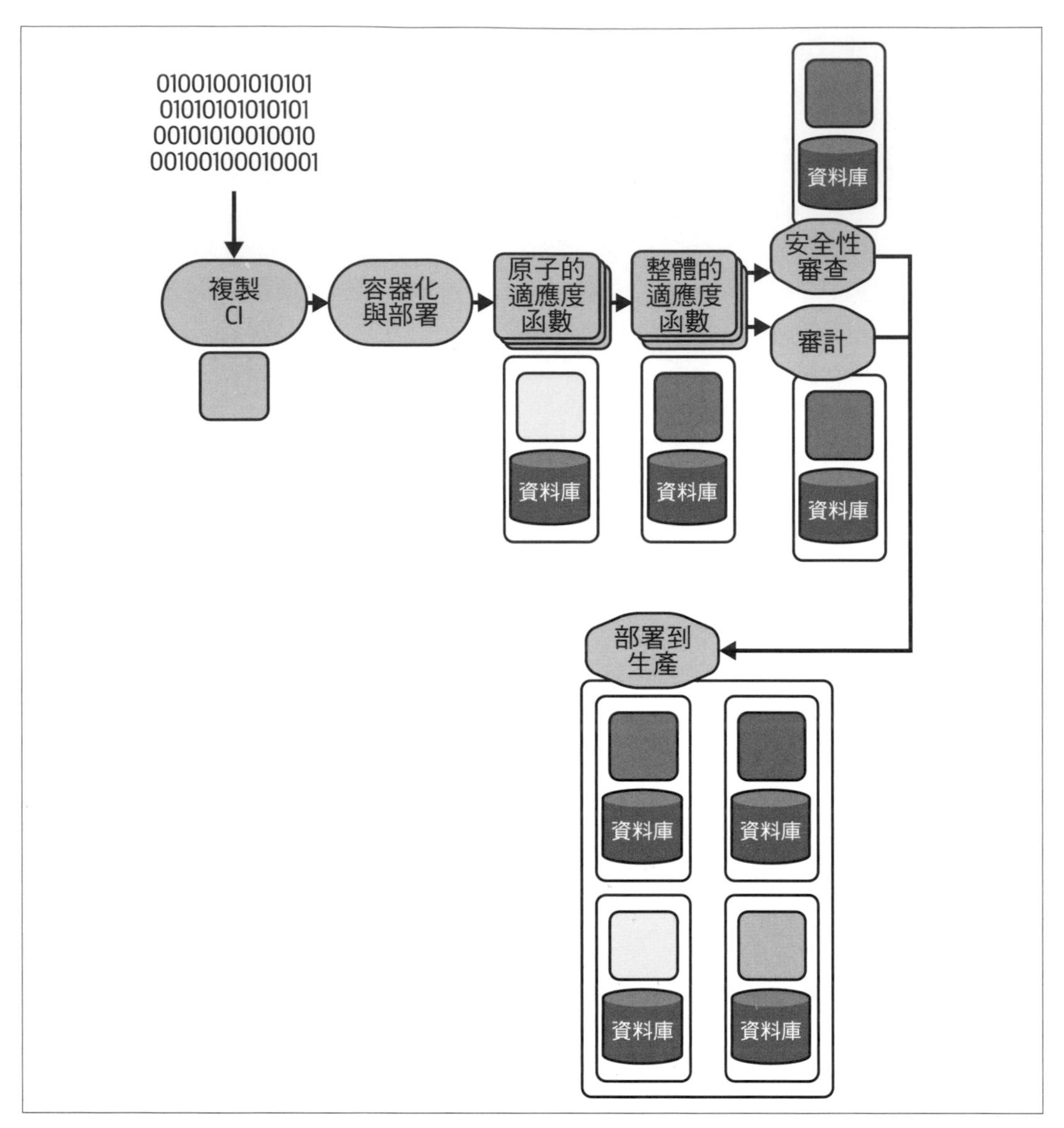

圖 8-8　包含安全管理階段的部署管道

案例研究：保真度適應度函數

*保真度適應度函數*讓團隊進行新舊比較，說明了指標與工程實踐結合的力量。許多現實世界的架構師面臨的一個共同難題是，「我如何能用新系統取代這個舊系統，又能確保新系統產生的結果與舊系統相同？」換句話說，架構師如何保證兩個實作之間的保真度？答案是保真度適應度函數。

最後一個案例研究來自 GitHub 工程部落格的「Move Fast and Fix Things[2]」，它將演進式架構定義的許多面向聯繫在一起。這個案例研究也戳穿了像是激進的敏捷工程實踐（如持續部署），會將風險增加到不可接受的程度這樣的一個常見論點。實際上，事實證明使用這些工程實踐的團隊會找到減輕風險的方法。

GitHub 是一個相當激進的工程組織。它使用持續部署——當開發人員在他們的程式碼庫中進行了更改，這些更改將透過部署管道進行，而且如果沒有錯誤，就進入生產。GitHub 平均每天有 60 次部署，但運作規模太大，使得極端案例幾乎馬上就會出現。

就如部落格貼文所描述的，GitHub 攻擊的問題涉及到合併，這過去是透過使用命令行 Git 合併檔案的 shell 腳本來執行的。雖然這工作地完美無瑕，但它的規模性並不是特別好。改善它性能的替代品是這篇部落格貼文的主題。

團隊建構了在記憶體中新的合併功能，並對行為進行測試以確保它能正確執行。但是，在某些時候，他們必須將它部署到生產中，這是可怕的部分：如果它破壞了某些事物會發生什麼事？如果合併程式碼失敗就已經夠糟糕了，但是如果在舊合併程式碼中存在一些以前不知道的會導致災難性失效耦合點會發生什麼事？這是阻止許多團隊欣然接受現代技術的恐懼。

GitHub 團隊所做的（而且為了所有人的利益將這設為開源程式碼）是建立 Scientist 這個工具（*https://oreil.ly/0AF3j*），讓團隊在他們的架構中安全地執行實驗，而不會讓使用者暴露在錯誤中。

Scientist 工具讓開發人員建立實驗，每個實驗都有兩個子句：`use` 和 `try`。`use` 子句包含它們要取代的舊程式碼，而 `try` 子句包含新的行為。對於合併實驗，這實驗被封裝在 `create_merge_commit` 方法中，如範例 8-4 所示。

2 Vicent Martí, "Move Fast and Fix Things," GitHub blog, December 15, 2015, *https://oreil.ly/JXuEu*。

範例 *8-4*　commit 方法，包括 science 區塊

```
def create_merge_commit(author, base, head, options = {})
  commit_message = options[:commit_message] || "Merge #{head} into #{base}"
  now = Time.current

  science "create_merge_commit" do |e|
    e.context :base => base.to_s, :head => head.to_s, :repo => repository.nwo
    e.use { create_merge_commit_git(author, now, base, head, commit_message) }
    e.try { create_merge_commit_rugged(author, now, base, head,
        commit_message) }
  end
end
```

在範例 8-4 中，science 區塊作為兩個子句 use 和 try 的呼叫程序。對每次呼叫，總是會執行 use 子句，並且輸出總是回傳給使用者。因此，使用者從未意識到他們是實驗的一部分。架構師也配置了確定多久執行 try 區塊一次的框架——在合併實驗中，它執行了 1% 的請求。當執行 use 和 try 時，框架做了以下工作：

- 隨機決定 use 和 try 的執行順序，以避免時序異常
- 為保真度而比較兩個呼叫的結果
- 抑制住但記錄 try 區塊引發的任何例外
- 將結果發布到資訊看板，如圖 8-9 所示

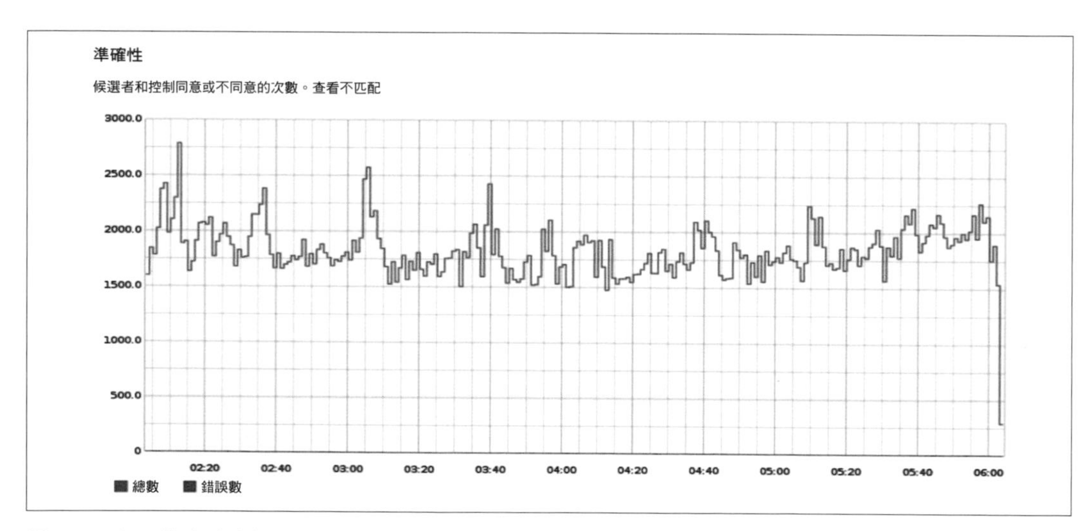

圖 8-9　顯示幾小時合併實驗結果的資訊看板

圖 8-9 中的資訊看板顯示 GitHub 在 02:20 執行了超過 2000 次的合併。但是，由於 GitHub 運行的規模非常大，因此錯誤不容易會出現在這個視圖中；圖 8-10 只顯示了同一期間內的錯誤。

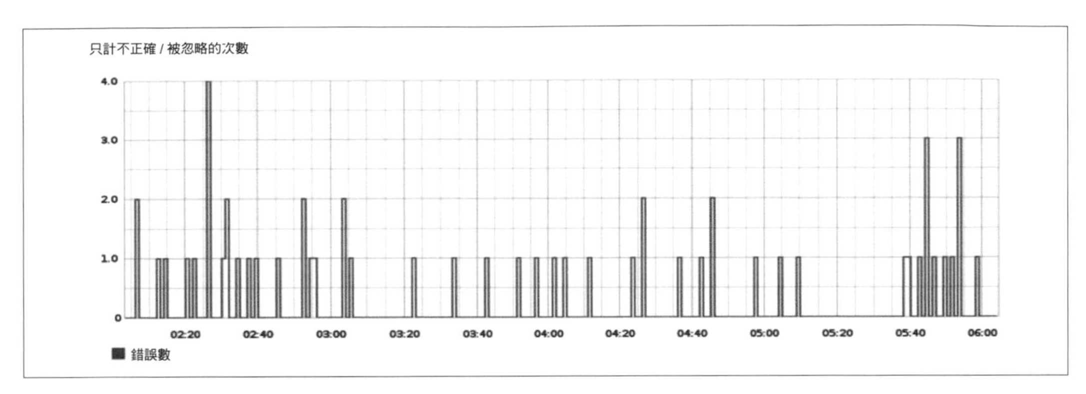

圖 8-10　相同期間內的錯誤數如圖 8-9 所示

如圖 8-10 所示，他們新的程式碼中有錯誤。然而，由於 Scientist 的框架，使用者看不到這些錯誤。相反的，開發人員修正了問題並重新部署——記住，在這段期間，這個實驗和其他程式碼都在繼續地持續部署。

實驗的目標之一是改善性能，我們可以在圖 8-11 中看到對這一點是成功的。

GitHub 的架構師進行了這個實驗四天，直到他們達到 24 小時沒有出現不匹配或遲緩的情況，這時候他們移除了舊的合併程式碼並保留了新的程式碼。在這四天的過程中，他們進行了超過千萬次的實驗，讓他們對新程式碼能正確的執行充滿了信心。

Scientist 是一個保真度適應度函數，使用特徵切換和性能指標實作。這種方法顯示了工程和指標之間的如何協同作用，能夠產生專案超級力量。

結論

無論適應度函數多麼強大，架構師應該避免過度使用它們。架構師不應該形成一個小集團，並撤回到象牙塔中去建立一個難以置信的複雜、互鎖的一組適應度函數，這只會使開發者和團隊感到沮喪。相反地，這是為架構師在軟體專案上建立一個**重要**但不**緊急**原則可執行查核表的方法。許多專案都淹沒在緊迫性中，讓一些重要的原則從旁邊溜走。這是技術債務的常見原因：「我們知道這很不好，但我們以後會回來修正它」…而這個以後卻永遠不會來。透過將關於程式碼品質、結構和其他防衰減措施的規則編入持續執行的適應度函數，架構師建立了一個開發者不能跳過的品質查核表。

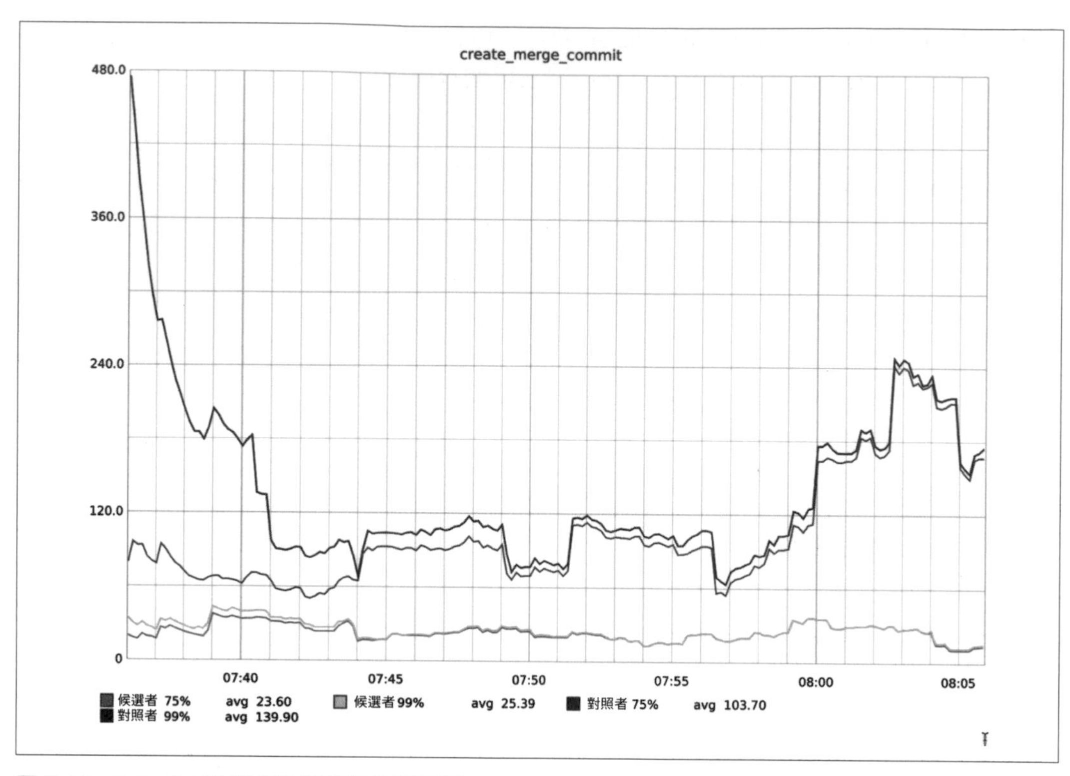

圖 8-11　Scientist 監督實驗期間的性能指標

Atul Gawande 的優良作品《*A Checklist Manifesto*》（Metropolitan Books, 2009）強調了外科醫生、航空公司飛行員和其他的專業人士通常如何將查核表作為他們工作的一部分（有時是由法律強制）。這不是因為他們不了解自己的工作或特別健忘——而是當專業人士一再地執行相同的工作時，如果不小心的忽略了，就很容易自欺欺人，而查核表可以防止這種情況發生。適應度函數代表了一個由架構師定義的重要原則查核表，並作為建構的一部分執行，以確保開發人員不會意外地（或因為像是進度壓力等外部力量而有目的地）跳過它們。

指標（以及許多其他的驗證技術）和工程的結合使架構管理達到新的水準和能力，進一步讓軟體開發的路程，從一個艱澀難懂的工藝朝向成為一個適當的工程專業邁進。

第九章

使用軟體指標確保可維護性

Alexander von Zitzewitz

本章，我將介紹一些可用於專案管理的有趣軟體指標，它們測量像是程式碼耦合、架構侵蝕、程式碼複雜性和設計品質等面向。以正確的方式使用它們，可以在保持高可維護性、降低整體開發和維護成本，以及減輕專案風險上扮演重要的角色。定期追蹤指標可以讓你及早發現有害的趨勢，並在問題仍然容易解決的時候解決它。

使用指標的案例

每個建造複雜產品的行業，都應該使用指標確保品質和可用性。沒有嚴格品質測量的話，現代的製造業將是難以想像的。在這方面，軟體行業很明顯的落後於其他行業，儘管它將從使用這種方法中特別獲益。

使用指標的最好方式是設定一個**基於指標的回饋迴圈**（請參考圖 9-1），使用基於指標的回饋迴圈可以保證產品符合可測量的品質標準。這不只是改善了整體的品質，而且也改善了軟體的可維護性，因此提高了每個從事這專案開發人員的生產率。較好的可維護性讓程式碼更容易閱讀和理解，這也意味著開發人員將花較少的時間閱讀程式碼，而有更多的時間改善或增加程式碼。

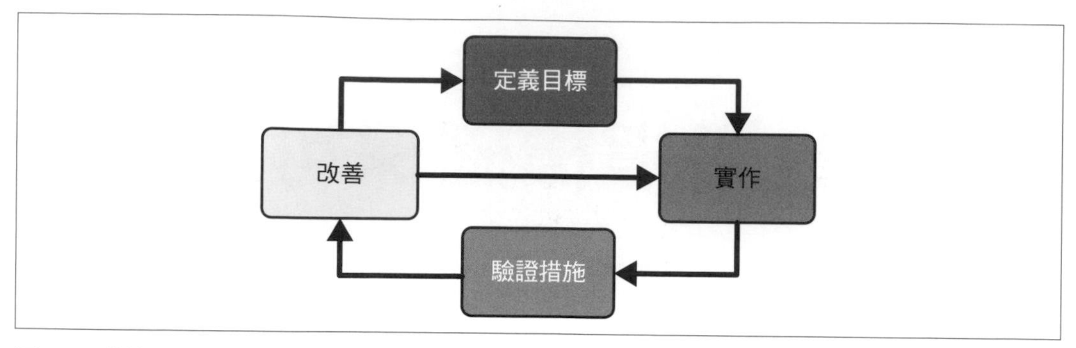

圖 9-1　基於指標的回饋迴圈

圖 9-1 顯示了一個基於指標的回饋迴圈。在這樣的迴圈中，你首先定義可以使用一組指標測量的量化目標。然後，你著手實作你的產品，同時持續地驗證是否確實達到目標。如果你未達到目標，則改進你的實作直到它再次達到目標為止，然後繼續你的工作。

在從事於遺留軟體系統時，要應用一組標準指標的目標可能很困難，這只是因為這些目標在系統初次實作時還不存在。通常這會轉化成發現很多違反指標的現象。在這種情況下，從一組可以用合理的努力達成的更寬鬆目標開始是有意義的。否則，開發人員將被大量問題淹沒，這可能會對士氣產生負面影響。一旦達成了這些目標，你就可以拴緊螺絲，讓你的目標更嚴格一些，以確保遺留程式碼庫的持續改善。當然，這只在遺留系統對你的操作和開發仍然有價值下才有用，用於靜態程式碼庫改善的指標是毫無用處的。

熵扼殺了軟體

開發複雜軟體系統時最大的敵人是熵，也稱為**結構侵蝕**。大多數軟體開發人員都將結構侵蝕的最終狀態稱為可怕的「大泥球」：這是失去所有架構內聚性的嚴重糾結程式碼庫的同義詞。這個術語描述了一個高度耦合的系統，而且在系統原本應該不相關的各部分之間有很多不想要的相依性。這種系統的一個典型徵兆是改變系統的某個部分可能會破壞一個完全不相關的部分。

另一個徵兆是大量的循環相依性，造成大的循環群（圖 9-2）。軟體指標在測量熵方面的確很擅長，這使得它們成為減輕這個問題的理想工具。

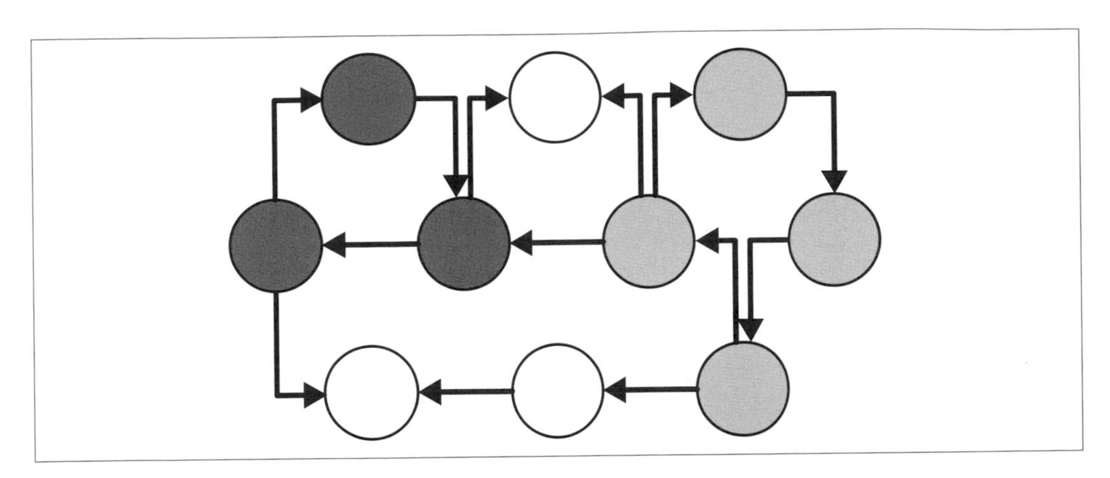

圖 9-2　循環群的視覺化

圖 9-2 說明了循環群的概念。圖中的節點可以是原始檔案、命名空間、套件或軟體系統的任何其他部分。箭頭表示這些元素之間的相依性。在這個例子中，我們有兩個循環群，用不同的顏色突顯。白色節點沒有參與任何循環的相依性。

藉由分析開源程式碼系統我們可以觀察到，一旦系統達到一定的規模時，這些循環群就會開始持續增長；Apache Cassandra 專案就是這種現象一個很好的例子。在版本 2，它已經有一個由大約有 450 個 Java 檔案組成的循環群；在版本 3，循環群增加到超過 900 個元素；到了第 4 版，它的元素已經達到 1,300 多個。我喜歡稱這些大型循環群為「程式碼癌症」：它們會增長並吞噬你程式碼庫中越來越大的區塊。在第 4 版的 Cassandra 中，這個腫瘤甚至透過增加分別有 143 和 31 個元素的兩個新群而轉移。現在，大約 75% 的元素都參與了大循環群。

在套件的層次，情況甚至更糟糕。在 113 個 Java 套件中，有 102 個套件參與了一個大循環群（圖 9-3）。因為套件或命名空間是表示架構分群和意圖的理想選擇，因此保持它們之間沒有循環的相依性就更加重要。

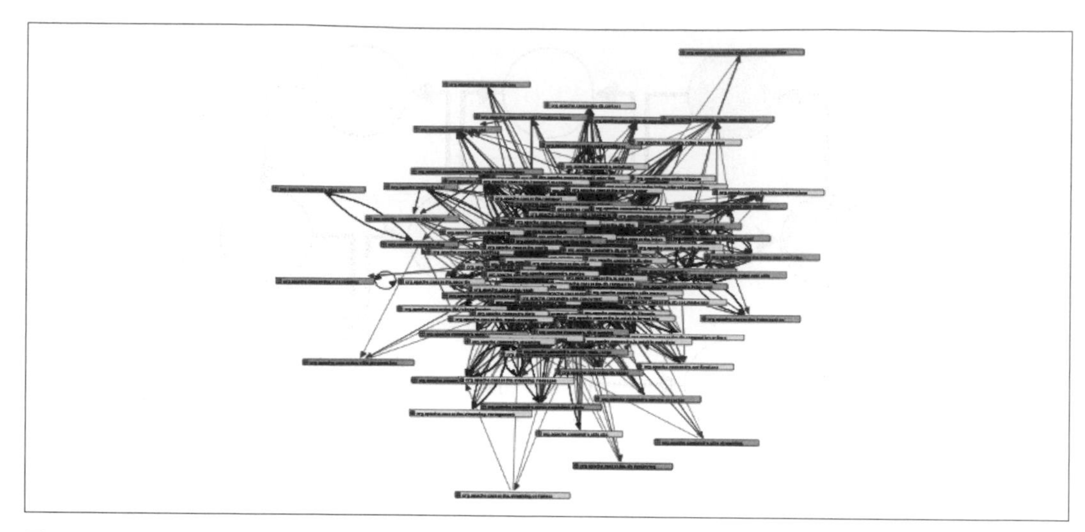

圖 9-3　Apache Cassandra 中有 102 個元素的套件循環群（出自 Sonargraph）

循環相依性的毒性

為什麼循環相依性是一件壞事？畢竟，Cassandra 似乎做得很好。嗯，首先，循環相依性使得程式碼區段無法單獨的測試。這也讓新開發人員更難理解程式碼，因為隨機挑選的原始檔案實際上可能會直接或間接地依賴幾乎所有其他的內容。

緊密耦合的另一個問題是無法在不需要花費大量時間進行有風險的整體更改下，隔離和替換某些功能，這使得模組化變成不可能。你可以說開發人員將 Cassandra 的架構圖最小化成只是一個標有「Cassandra」的單一方框。雖然這個架構圖很容易閱讀，但它並沒有揭露出任何關於軟體內部結構的資訊。

好消息是它可能打破所有循環相依性。例如，你可以應用最初由 Robert C. Martin 描述，並在他的著作《*Agile Software Development, Principles, Patterns, and Practices*》（Pearson, 2002）和其他地方解釋的「相依性倒置原則」。使用這個原則，你可以透過引入一個界面來倒置循環群中的相依性，這通常會破壞循環。還有其他幾種破壞循環的技術，像是將循環相依性提升到更高層次的類別，這類別依賴參與循環中的元素，並使它們不需要直接相互依賴。你也可以將循環降級為處理循環元素之間通訊的較低層次的類別；或者你可以在類別之間移動某些功能來打破循環。

換句話說，沒有什麼藉口可以讓程式碼癌症失控的情況增長。避免大循環群將使你的程式碼更好，讓它更容易測試、理解和維護，更不用說是重用了。

指標如何能夠提供幫助

為避免結構侵蝕，你可以用指標分析程式碼的相依性結構。例如，你可以使用的一個指標是你最大原始檔案循環群中的元素數量。透過定義一個閾值，比如說 5 個，一旦循環群含 6 個以上的元素，你就會受到警告。你甚至可以決定超過這個閾值會終止建構。然後你可以改變程式碼來打破循環群，或至少確保循環群的元素少於 6 個，修復警告，讓你的建構再次變成可行。由於循環元素的數量仍然非常少，像這樣的修復將很容易和快速地實現。

當然，能完全避免循環相依性會更好，但我在這裡試著要更務實一些。在一個命名空間或套件中只要你阻止它們增長成怪物循環群，小循環群不會有太大傷害。還要注意的是，每個循環都能打破，例如透過應用 Robert C. Martin 的相依性倒置原則（*https://oreil.ly/erUlO*），用添加界面來倒置依賴的方向（如圖 9-4 所示），這種倒置對打破循環非常有用。還有一些破壞循環的技術，但它們超出了本章的範圍。

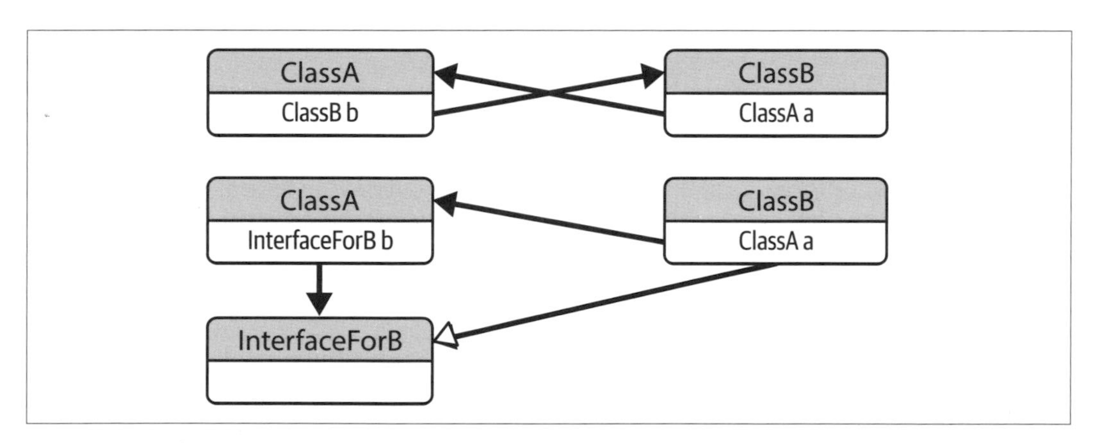

圖 9-4　用相依性倒置原則打破循環

只要限制循環群的大小就可以確保軟體永遠不會變成大泥球。根據我長期的經驗，100,000 行以上程式碼的複雜軟體系統超過 80% 最後都變成了大泥球。你只需要分析一些隨機挑選的開源系統很容易就可以確認這一點。如果你的系統可以避免這種命運，那它已經比所有類似規模和複雜性系統的 80% 做的更好。我將這稱為垂手可得的果實——當你開始一個新開發專案時很容易實現。

有一些成功的專案透過遵循類似的規則避免了結構侵蝕的陷阱。一個普及且著名的例子是 Spring 框架，它的結構和架構都很好，而且小循環群的數量非常有限。

現在，如果你同意限制循環相依性是好主意，你可能會問要如何做到。簡單的回答是你絕對需要工具。例如，Sonargraph-Explorer（*https://oreil.ly/VVVCR*）提供根據循環群大小分解建構的選項，而且可以完全免費的使用[1]。

為什麼沒有更廣泛的使用指標？

剛剛說明了指標的有用性後，很難理解為什麼在軟體行業中很少使用基於指標的回饋迴圈。當我就這個主題發表演說並詢問誰在使用指標時，上百名聽眾中最多只有一兩個人舉手。我認為這主要有以下幾個原因：

- 許多開發人員和架構師對指標或如何使用它們不太了解。縱使你學習了計算機科學，軟體指標也很少是課程的一部分，或充其量只被當成副主題。如果你沒有學術背景，就更不可能正式的學習指標。
- 要使用指標，你需要收集它們的工具。這仍然是軟體工具的小眾領域；雖然有一些很好的工具可以用在這目的上（像是 Sonargraph-Explorer），但它們並不廣為人知，而且只涵蓋了像是 Java 或 C# 等主流程式語言。
- 大多數指標需要背景和一定程度的專業知識才能有效地使用。如果你只專注在一兩個基於指標的規則、並為它們挑選了錯誤的指標，你的程式碼庫將不會真正的改善；事實上，你反而可能會傷害它。在這種情況下，為了符合指標要求而簡單地訓練你的開發人員，可能只會導致表面上的改善。
- 使用太多的指標規則可能只會惹惱你的開發人員，並減緩你的進度而不會增加任何利益。我相信最佳狀態大約是 5 或 6 個基於指標的規則。任何額外的規則都會造成回報減少。
- 因為很多組織早已經在與技術債務所喪失能力的程度爭鬥，因此通常沒有多少能力可用於改善流程。
- 基於指標的規則僅在違反觸發動作的規則時才有用。因此，要獲得成功，你在這裡需要實現自動化，而這又需要時間來實作。

本章最後，我將提出一套一致的規則，這些規則將大大改善任何遵循它們專案的技術品質。

1 不幸的是，截至 2022 年初，Sonargraph-Explorer 只支援 Java、C# 和 Python。對於其他程式語言，你可能被迫要自己撰寫工具或依賴商業解決方案。

收集指標的工具

在深入探討不同指標的細節之前，讓我們先解決工具問題。畢竟，這些指標需要以某種方式收集，而且在大多數情況下，你不會想手動的做這件事。當然，你可以嘗試撰寫自己的工具來收集指標，但如果早就有工具可用，這幾乎總是個壞主意。此外，自己撰寫工具總是比購買商業解決方案的成本更高，尤其是在考慮長期維護的時候。如果在程式語言中增加新的功能將會發生什麼？你的工具需要跟上語言的變化。而且，收集本章描述的更先進指標，需要你建構整個應用程式的完整相依性模型。要做到這一點，你基本上必須實作編譯器的解析和相依性解決階段，這很困難、耗時而且有風險。你最好將時間投入在改善程式碼和開發過程上。表 9-1 顯示了收集指標常用工具的樣本清單。

表 9-1　用於收集指標及它的一些關鍵能力的常用工具樣本

工具	能力
Understand（*http://scitools.com*）	商用，支援多種語言；主要是規模和複雜性指標
NDepend（*http://ndepend.com*）	商用，支援 .Net；主要是規模和複雜性指標
Source monitor（*https://oreil.ly/GmGE3*）	免費，支援 C++、C、C#、VB.NET、Java、Delphi、Visual Basic（VB6）和 HTML；只用於規模和複雜性指標
SonarQube（*http://sonarqube.org*）	某些語言免費，商業版有更多功能；主要是規模和複雜性指標
Sonargraph-Explorer（*https://oreil.ly/ILjMe*）	對 Java、C# 和 Python 免費；包括耦合、週期、規模和複雜性指標的完整指標集合；商用版 Sonargraph-Architect 也支援變更歷程指標（Git）和 C/C++

有些工具是免費的，所有商用工具都提供免費評估，所以我建議你試用一下，並選擇你最喜歡的一個。尋找工具的一個重要評估標準，是在你的自動建構中檢查指標閾值的能力。這裡自動化確實是一個關鍵的成功因素。

有用的指標

現在讓我們看看一些有用的指標類別。我將從測量耦合和結構侵蝕的指標開始，因為從長遠來看，這個面向對保持軟體可維護性最為關鍵。然後我將關注在規模和複雜性指標，接下來是變更歷程指標。最後，我會討論一些不屬於這兩個類別的指標。

測量耦合和結構侵蝕的指標

以下指標測量耦合和結構侵蝕。

平均組件相依性、傳播成本和相關指標

Average component dependency（ACD）最初由 John Lakos《*Large Scale C++ Design*》（Addison-Wesley, 1996）書中描述。這個指標告訴你從相依性圖示中隨機挑選的元素，平均直接或間接依賴多少個元素數（包括它自己）。為了理解這個指標，讓我們看看圖 9-5 中的相依性圖示。

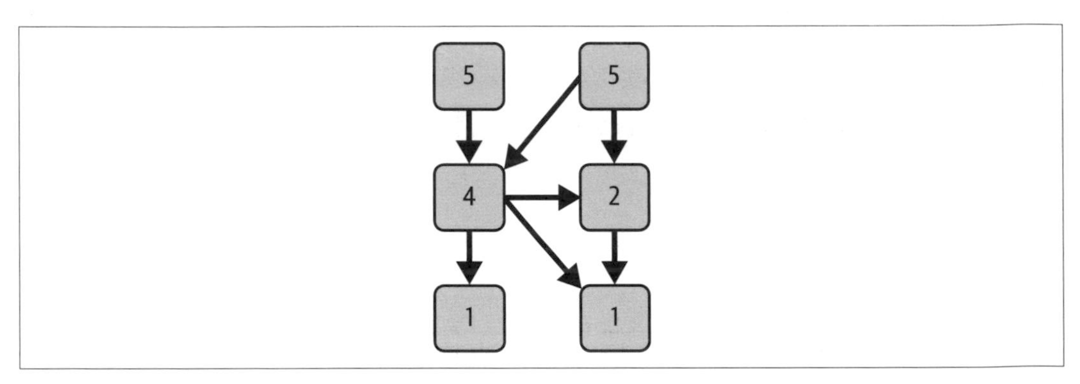

圖 9-5　有 Depends Upon 指標值的相依性圖示

Lakos 將這些方框稱為**組件**。在 C/C++ 中，組件是由原始檔案及它相關的標頭檔組成；在其他像是 Java 的程式語言中，組件通常是單一的原始檔案。

圖中箭頭描繪了有方向的相依性，而數字表示所在方框的 Depends Upon 指標值。例如，在圖中底部的方框只依賴自己，所以它們的 Depends Upon 值為 1；中間右側組件只依賴它下面的組件，所以它的值是 2；中間左側組件的值是 4，因為它依賴中間右側的元素、底部元素和它自己；頂端組件依賴下一層和下二層上所有的組件和它們自己，因此它們顯示的值為 5。解釋數字的另一種方法是計算可到達的節點數並再加一。在圖論中，從給定節點可以到達的節點集合稱為**閉包**。

如果將所有方框中的值相加，你會得到一個稱為 Cumulative Component Dependency（CCD）的總和，在本例中為 18。現在將這個值除以方框的數量，所得結果為 ACD——在本例中，18 除以 6（節點數）得到 3。ACD 的最小值一定是 1，這描述一個沒有任何相依性的系統。最大值等於節點數；在我們的例子中，這值為 6。

Depends Upon 指標有一個對應的指標稱為 Used From。圖 9-6 顯示有 Used From 指標值的相同圖示。

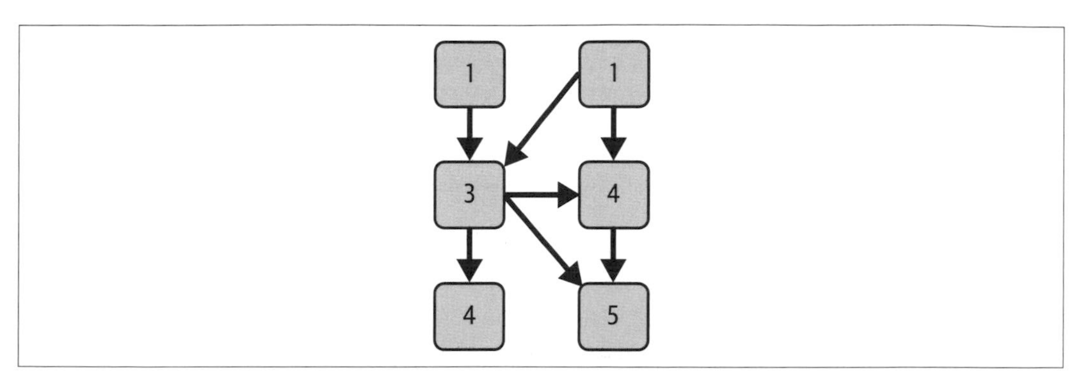

圖 9-6 有 Used From 指標值的相同圖示

Used From 告訴你與所選節點直接或間接連接的節點數。如果將 Used From 和 Depends Upon 的值相加，始終會得到相同的數字。這一定是正確的，因為每個指標都只關注有方向相依性的兩端之一。

如果將每個節點的 Depends Upon 指標除以節點總數，會得到一個稱為 Fan Out 的新節點指標。例如，左上角節點的 Fan Out 值為 1/6。如果對 Used From 執行相同處理，得到的是 Fan In。平均的 Fan In 值等於平均 Fan Out 值，這就等於傳播成本指標，你將在本章後面學到。

有趣的是，將所有 Fan Out 值相加會得到與 ACD 相同的值。再次將這個值除以節點數將得到平均 Fan Out，也就是傳播成本。對圖 9-6 中的圖示，傳播成本為 0.5，即 50%。

這些是用於計算更高等級指標的基礎等級指標，它們對於檢測有大量傳入或傳出相依性的組件也很有用。

你什麼時候使用 ACD，使用時需要考慮什麼？這是我在進行評估時首先看的數字之一。它讓我更了解系統緊密耦合的程度。當然，它需要與系統中組件的總數相關聯。對於有 1,000 個組件的系統，100 的值是可以接受的，而對於只有 100 個組件的系統，相同的值將是毀滅性的。

Propagation Cost（PC）[2] 指標告訴你系統有多緊密的耦合，高百分比意味著高耦合。

2 最初的敘述出自 Carliss Baldwin, John Rusnak, and Alan MacCormack in "Exploring the Structure of Complex Software Designs: An Empirical Study of Open Source and Proprietary Code," *Management Science* 52, no. 7 (2006): 1015–1030。

你也可以透過再次將 ACD 除以節點數來計算 PC（在數學上，這與計算平均 Fan In 或平均 Fan Out 相同）。這基本上將 ACD 正規化為一個更容易比較的值。在這個例子中，這值將是 3/6 或 50%。換句話說，在這個例子中，每次你碰觸某個事物時，平均所有組件的 50% 可能會受到這更改的影響。對於更大的系統，這將是一個非常糟糕的值；對於像目前這樣的小系統，這個值沒有什麼用。

關於 PC 重要的是要理解，你也可以將它定義為 CCD 除以組件數（n）的平方。ACD= CCD/n，因此 PC = CCD/n^2。所以，如果組件數量增加一倍，系統的 CCD 將必須增大 4 倍，以保持相同的 PC 值。你始終希望這個指標最小化，但如果它因為系統增加更多組件而下降，這並不一定是好消息。在一個更大的系統（有 500 個以上的組件），如果組件數量增加，即使耦合非常高，我們通常也會看到 PC 下降。發生這種情況是因為你需要真正引入很多額外的耦合，才能讓 CCD 隨著組件數量的平方增長。

排除這些注意事項後，以下是你應該如何使用 PC：

- 如果你的系統很小（$n < 500$），較高的 PC 值比較不會令人擔憂。
- 對於中型系統（$500 <= n < 5,000$），超過 20% 的 PC 值會令人擔憂，而超過 50% 的值則表示有大循環群的嚴重問題。
- 如果你的系統很大（$n >= 5,000$），即使是 10% 的值也相當令人擔憂。

如果你同時關注 ACD，就更容易判斷 PC 讀數的影響。如果在有 5,000 個組件系統中的 PC 為 10%，則這系統的 ACD 將為 500。這絕對是令人擔憂的，因為每次更改都可能會平均影響 500 個組件。

循環性和相對循環性

通常，高數值的 ACD 和 PC 表示在被分析系統的相依性圖示中存在大循環群。為了確認這一點，你可以用專門設計來查看循環相依性的指標；在本章前面，我提到過一個簡單但有用的指標：系統最大循環群中的元素數量。可以對任何類型的元素計算這個值，但通常在組件和命名空間 / 套件層次上最有用。

最大循環群的大小也是我在分析系統時首先關注的數字之一。對於設計良好系統中的組件，這值應該是 5 或更小。有時候如果更大的循環群存在有充分的技術理由，或如果它們來自幾乎從未更改過程式碼庫的一部分，那更大的循環群也是可以容忍的。

在任何情況下，組件循環都不應該跨越一個以上的命名空間或套件。對命名空間 / 套件的循環群，我始終建議採用零容忍策略；也就是說，你的系統在命名空間或套件之間不應該存有循環相依性。

另一個有用的指標是 Relative Cyclicity，它通常針對每個模組和整個系統計算。它以稱為 Cyclicity 的指標為基礎，定義為循環群中元素數量的平方。一個有 5 個元素循環群的 Cyclicity 為 25。現在你可以將一個模組或整個系統所有循環群的 Cyclicity 相加，取這總和的平方根，然後將結果除以系統或模組中元素數量：

$$relativeCyclicity = 100 * \frac{\sqrt{sumOfCyclicity}}{n}$$

這個指標可能相當有用；為了證明這一點，讓我們做一個小小的思考實驗。假設有一個含 100 個組件的系統，而且所有組件都參與了一個有 100 個元素的大循環群。循環群的 Cyclicity 為 100^2 或 10,000。公式計算的結果為 1，這意味著 100% 的 Relative Cyclicity。這是最差的可能值；系統有最差的循環相依性。

現在讓我們假設不是一個大循環群，而是有 50 個小循環群，每個群有 2 個元素。在這種情況下，單一循環的 Cyclicity 為 $2^2 = 4$，系統 Cyclicity 的總和為 50 * 4 = 200。公式計算的結果為：

$$100 * \frac{\sqrt{200}}{100} = 14.14$$

或 14.14%。儘管每個組件都參與了循環相依性，這仍然是一個比較好的值。當談到循環群時，總是越小越好，因為較小的循環群較容易打破。

結構性債務指數

雖然相對循環性相當適合判斷系統受循環相依性影響的嚴重程度，但它有一個缺陷：它沒有用任何方式告訴你打破所檢測到的循環會有多困難。為了更好地理解這個問題，讓我們開始另一個思考實驗。

想像一個有 10 個原始檔案的簡單系統。第一個檔案依賴於第二個檔案，第二個檔案依賴於第三個檔案，依此類推，直到第十個檔案，它依賴於第一個檔案。這建立了一個含 10 個元素的簡單循環群，因此所有檔案都參與了循環。這系統的相對循環性為 100%；但是這個特殊的循環群，透過切割或倒置一個相依性可以很容易地打破。因此，很容易將系統的相對循環性降到零。

當然，情況可能會更糟。讓我們看看另一個極端。同樣地，有一個含 10 個原始檔案的系統，但現在每個檔案都與其他各檔案有雙向的循環相依性，造成了 90 個相依性 (9 + 8 + 7 + ... + 1) * 2。這裡相對循環性也是 100%，但是這一次你必須打破或倒置至少 45 個相依性，才能打破所有的循環相依性：比第一個例子要費更多的努力。

這就是我開發 `Structural Debt Index (SDI)` 指標的原因。這個指標讓圖示演算法在循環群上執行，檢測最小的分解集合，以得到需要打破的相依性清單。現在，如果你查看原始檔案之間的相依性，它們實際上是由許多用法的關係組成；例如，如果類別 A 呼叫類別 B 的三個不同方法，則相依性將由三個用法組成（或**解析器相依性**）。你以用法的次數作為鏈接的權重，來幫助演算法優先切割權重較低的鏈接，然後你會像下列這樣計算 `SDI`：

SDI =10 * 要切割的鏈接數 + Σ 要切割鏈接的權重

對於第一個例子（在簡單循環中的 10 個組件），你只需要切割一個鏈接；假設這個鏈接的權重為 1，那這系統的 `SDI` 值將是 11 (10 * 1 + 1)。

你現在將要切割的鏈接數乘上一個常數，因為對每一個鏈接，必須有人弄清楚如何打破這種相依性（例如，藉由用相依性倒置原則來倒置它）。然後，每個用法也可能會產生一些額外的工作。這個指標的想法是至少與打破一個循環群所需的工作大致成正比。它對每個循環群進行計算，然後累積到模組和系統層次。像 Sonargraph-Architect 般的工具使用這指標的組件，來透過修復循環群的難易程度將循環群分級。

使用 `SDI` 指標的最好方法是與相對循環性一起使用，你的目標應該是讓它盡可能接近零。如果它持續地增長，那就是系統中有程式碼癌症發展的徵兆。

可維護性程度

本節我將討論我建立測量程式碼可維護性和正確設計新指標的過程：軟體指標的聖杯。我和一位客戶一起完成這項工作，他提供我各種較大的專案來測試它。這個指標的值多少會符合開發人員自己對他軟體系統可維護性的判斷。我們決定在夜間的建構中追蹤這個指標，並將它當成危險先兆般使用它：如果這值變差，那就是該重構的時候了。我們也計劃用它來比較一個組織內所有軟體系統的健康狀況，並決定是從頭開始重寫一個軟體還是重構它較便宜。

當我們開始這段過程的時候，我們已經思考了一些測量耦合和循環相依性的指標。這個新實驗指標的想法是，將這些指標濃縮成可以用來測量專案良好設計的適應度函數的單一指標。

對所謂「良好設計」，我的意思是指使用水平分層以及垂直分離（或簡倉）功能組件的設計。將軟體系統依功能的面向切割就是我所謂的**垂直化**，如圖 9-7 所示。

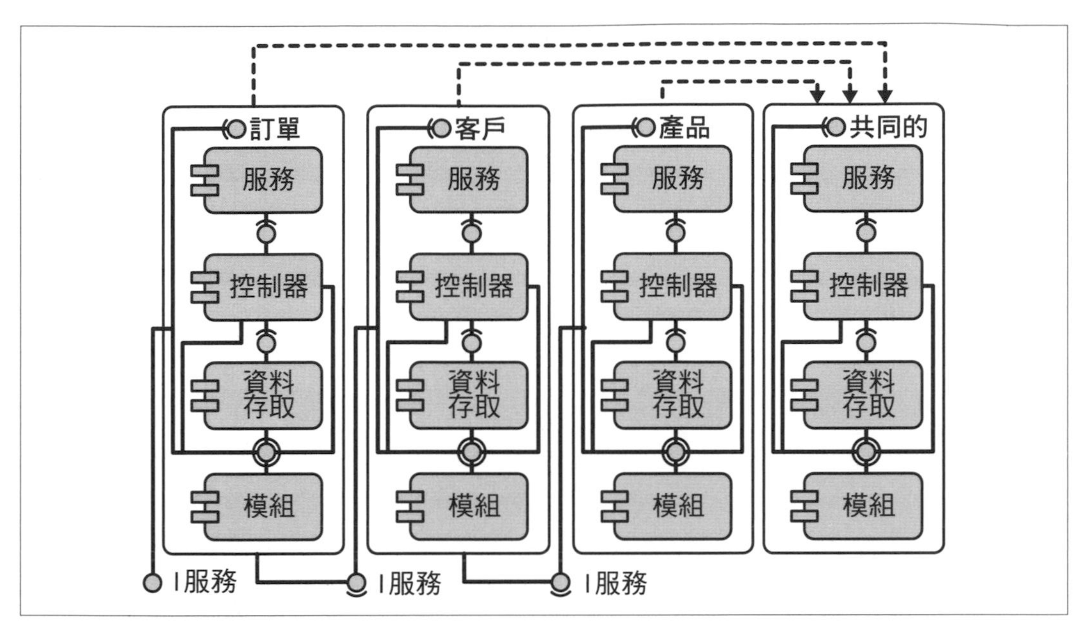

圖 9-7　好的垂直設計

功能組件位於自己的簡倉中，而且它們的相依性不是循環的；在簡倉之間有明確的層次結構。你也可以將它描述為垂直分層，或整體式中的微服務。要弄清楚的是：對於任何架構風格而言相依性管理都非常重要。如果你的目標是微服務，只需確保將微服務之間的相依性視為一種更重量級的相依性，因為它們都依賴某種形式的過程間通訊。與過程內的函數呼叫比較，微服務之間的通訊總是有較高的延遲，而且在錯誤處理上需要更多的關注。如果無法使用目標服務或有網絡的問題會怎樣？

不幸的是，許多軟體系統在垂直化方面是失敗的；主要的原因是沒有人強迫將程式碼組織成簡倉。因為很難正確地做到這一點，簡倉之間的界限會變得模糊，應該處在單一簡倉中的功能被分散在多個簡倉中。這促進了在簡倉之間建立循環相依性，並且從那裡開始，可維護性以不斷增加的速度下降。

現在，你要如何測量垂直化？首先，你必須建立系統組件的水平化相依性圖。但是，只有在組件之間沒有循環相依性時，相依性圖才能適當的水平化。所以，作為第一步，你將把所有循環群結合成單一的節點。

在圖 9-8 的系統中，節點 F、G 和 H 形成了循環群，因此將它們結合成一個稱為 FGH 的邏輯節點。這提供你三個層次。其中底層只有傳入的相依性，而頂層只有傳出的相依性。為了可維護性的緣故，你希望盡可能多的組件沒有傳入相依性，因為可以在不影響系統其他部分的情況下更改這些組件。你也希望其餘的組件盡可能少的影響它們上層的組件。

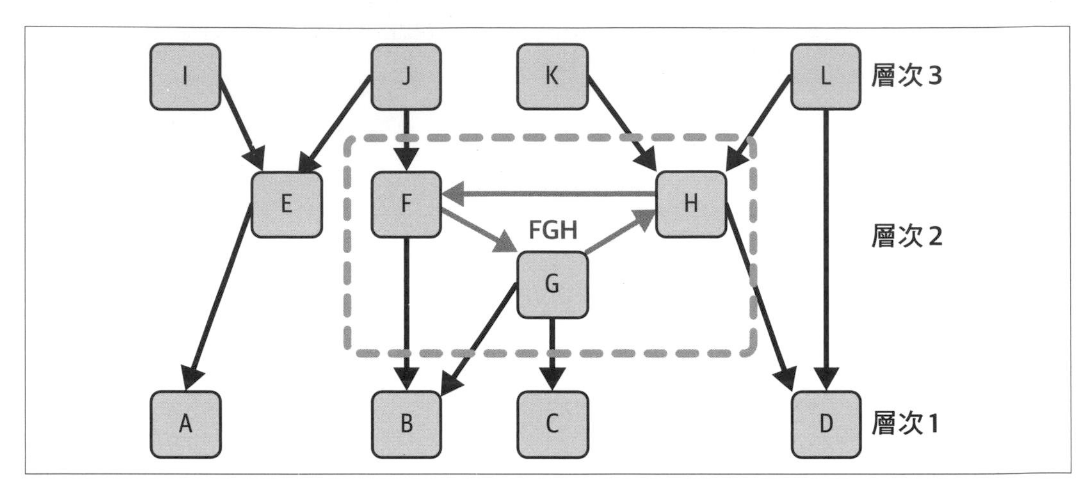

圖 9-8　將循環群濃縮為單一節點（FGH）的水平化相依性圖

例子中的節點 A 只影響節點 E、I 和 J（直接和間接）。另一方面，節點 B 會影響除了 E 和 I 以外層次 2 和層次 3 的所有節點。循環群 FGH 很明顯地對這有負面影響。因此，你可以說 A 對可維護性的貢獻比 B 大，因為它對它上層的破壞可能性較低。對於每個邏輯節點，你可以計算出貢獻值 c_i 來估計可維護性的新指標：

$$c_i = \frac{size(i) * \left(1 - \frac{inf(i)}{\text{在較高層次的組件數}\ (i)}\right)}{n}$$

這裡，*n* 是組件總數，*size*(*i*) 是邏輯節點中的組件數（這值只對循環群建立的邏輯節點大於 1），*inf*(*i*) 是受 c_i 影響的組件數。

作為範例，讓我們用這個公式計算節點 A 的貢獻值：

$$c_A = \frac{1 * \left(1 - \frac{3}{8}\right)}{12}$$

所得值為 ~0.052。將所有節點的 c_i 相加得到新指標的第一個版本，我們將它稱為 `Maintainability Level(ML)`：

$$ML_1 = 100 * \Sigma_{i=1}^{k} c_i$$

這裡，k 是邏輯節點的數量，如果系統的組件之間有循環相依性，則這值會小於 n。在這個例子中，k 是 10，而 n 是 12。乘以 100 是為了得到百分比值。`ML` 值越高，可維護性就越好。

對圖 9-8 的例子，`ML` 的值為 53 除以 96 = 55%。因為我們談論的是只有 12 個編譯單元非常小的系統，所以這值不是個大問題。再往下，我將改善這指標以考慮小型系統往往會產生相對較差值的這個事實。我們在 `Propagation Cost` 上看到了相同問題。由於小系統中的元素數量少，平均耦合總是會較高，解耦的重要性會隨著系統規模的增加而增加。

因為每個系統都會有相依性，除非系統中所有組件都沒有傳入相依性，否則不可能達到 100% 的 `ML` 值。但是最頂層的所有節點對指標都會貢獻它們最大的 c_i 值。較低層次節點的貢獻將縮小，它們較高層次上影響的節點越多。循環群增加了所有成員對更高層次影響的節點數量，因此往往會對指標有負面影響。

我們知道循環相依性對可維護性有負面影響，尤其是在循環群包含大量節點的情況下。在我們第一個版本的 `ML` 中，我們了解到如果循環群建立的節點在最頂層，我們將不會看到負面影響。因此，我們對含 5 個以上節點的循環群增加了懲罰：

$$penalty(i) = \begin{cases} \frac{5}{size(i)}, & \text{如果 } size(i) > 5 \\ 1, & \text{否則} \end{cases}$$

在這種情況下，1 的懲罰值表示沒有懲罰，小於 1 的值會降低邏輯節點的貢獻值。例如，如果有一個含 100 個節點的循環群，它只會貢獻它原來貢獻值的 5%。`ML` 的第二個版本（ML_2）考慮了懲罰：

$$ML_2 = 100 * \Sigma_{i=1}^{k} c_i * penalty(i)$$

這個指標效果相當好。當我們在設計良好的系統上執行它時，我們得到 90 以上的值。對於像是 Apache Cassandra 般沒有可識別架構的系統，我們得到的值是 20 多。

當我在客戶的專案上測試這個指標時，我又做了兩個需要調整的地方。首先，它對少於 100 個組件的小型模組效果不是很好。這些模組通常會產生相對較低的 `ML` 值，因為少的組件數會自然地增加相對耦合，而不會對可維護性產生負面影響。

第二個是客戶端的 Java 專案，它的開發人員認為它的可維護性很差。然而，這個指標顯示出 90 以上的值。仔細觀察後，我們發現這個專案確實有一個很好的、幾乎沒有循環的組件結構，但是套件結構却是一團糟。在最關鍵模組中幾乎所有的套件都在一個循環群；這通常發生在沒有明確的策略將類別分配給套件的時候。這讓開發人員很難找到類別。

如果要分析的模組或系統的組件少於 100 個，那可以透過為 ML 增加一個滑動最小值來解決第一個問題：

$$ML_3 = \begin{cases} (100 - n) + \frac{n}{100} * ML_2, & \text{如果 } n < 100 \\ ML_2, & \text{否則} \end{cases}$$

這裡，*n* 仍然是組件的數量。這個變數首先可以透過爭論小型系統較容易維護獲得證明。因此，有了滑動最小值，有 40 個組件系統的 ML_3 值永遠不會低於 60。如果你將圖 9-8 例子中 ML_2 的值（55%）輸入到這個公式，你會得到 94.6% 的值。如果考慮到像這樣的小型系統不會造成高可維護性負擔的事實，這個值似乎比 55% 更合適。

第二個問題較難解決。在這裡，我們決定根據為套件 / 命名空間相依性計算的 Relative Cyclicity 或 RCp 計算一個替代的值：

$$ML_{alt} = 100 * \left(1 - \frac{\sqrt{\text{套件循環性的和}}}{n_p}\right)$$

ML 是對系統的每個模組計算，然後我們計算系統中所有較大模組的加權平均值（透過模組中組件的數量）。為了決定哪些模組被加權，我們將它們依大小遞減的排序，並將每個模組加到加權平均值中，直到所有組件中的 75% 已經被加到加權平均值中，或模組至少包含 100 個組件為止。這樣做的理由是動作通常會發生在較大、較複雜的模組中。小模組的維護不難，而且對系統的整體可維護性影響不大。

為了有好的可維護性，組件結構和套件 / 命名空間結構都必須設計得很好。如果其中之一或兩者都遭受不良設計或結構侵蝕，可維護性也會下降。

Sonargraph（包括免費的版本 Sonargraph-Explorer）是目前計算這個實驗指標的唯一工具。如果你想知道你的程式碼會怎樣，我建議你取得免費的 Explorer 許可權（*http://www.hello2morrow.com*）並為你的系統執行它。

我們在 ML 方面的工作受到一篇關於另一個稱為 Decoupling Level（DL）[3] 大有可為的指標論文啟發，DL 是以 Drexel 大學和 Hawaii 大學 Ran Mo、Yuangfang Cai、Rick Kazman、Lu Xiao 和 Qiong Feng 的研究工作為基礎。不幸的是，計算 DL 的部分演算法受到專利保護，因此在撰寫本書的時候，我們不能在我們的工具中複製這個指標。在一系列不同的專案中比較這兩個指標將會很有趣。

測量大小和複雜性的指標

下一類有用的指標測量程式碼的大小和複雜性。當你想要保持程式碼的可維護性時，限制複雜性很重要。開發人員大部分的時間都用在閱讀程式碼上，而複雜的程式碼使這變得更為困難。因此，使用複雜性閾值來避免程式碼過於複雜是一個好主意。

大小指標

讓我們從一些簡單的大小指標開始。最著名的大小指標可能是每個檔案的 Lines of Code（LoC）。LoC 計算有實際程式碼的每一行並略過空白行和註釋行。Total Lines 則計算每一行，包括空白行和註釋行。你也可以計算註釋行，但在這裡它已經有些棘手了。通常原始檔案在檔案起頭有一個只包含版權資訊的標頭註釋。這些標頭註釋不是對程式碼的註釋，應該從註釋行中排除。

從某種意義上說，你已經可以用 LoC 作為複雜性指標。如果你的原始檔案有 5,000 個 LoC，那麼它可能很複雜。我強烈建議限制原始檔案的大小在 800 LoC 左右。如果檔案變得比這個值要大，應該考慮將它拆成較小的檔案。大小和複雜性指標的閾值大多是軟閾值，不過總是會有一些合理的例外（只要確保例外不會失控）。

測量函數和方法大小的一個很好的指標是 Number of Statements。這名稱應該已經透露了這個指標工作的方式，因為它只是計算方法中的敘述。保持合理簡短的函數和方法始終是一個好主意，因此透過限制函數或方法中的 Number of Statements，你可以保持程式碼的可讀性和可維護性。我建議每個函數 / 方法的閾值為 100 條敘述。

循環複雜性

Cyclomatic Complexity 指標最初是由 Thomas McCabe 在 1976 年開發的。它計算經由方法或函數不同可能執行路徑的數量，這也是實現 100% 測試覆蓋率所需測試案例數量的下限。最初的定義是基於流程圖以及流程圖中節點和邊的數量。但是它的計算可以藉由從最

3 Ran Mo et al., "Decoupling Level: A New Metric for Architectural Maintenance Complexity," ICSE '16, May 14–22, 2016, Austin, TX。

小值 1 開始，然後為每個迴圈敘述或條件敘述增加 1 來簡化。對於 switch 敘述，我們會加上 case 的數量。高的 `Cyclomatic Complexity` 值往往與高複雜性且難以閱讀的函數或方法相關。

這個指標經過了充分的研究，而且我們知道對所有值超過 24 的錯誤率都會迅速增加。我建議以 15 為閾值，以保持安全。

這個指標有一些變體。`Modified Cyclomatic Complexity` 對每個 switch 敘述只將值加 1，因為 switch 敘述往往在不增加額外複雜性的情況下會將指標值增加很多。`Extended Cyclomatic Complexity` 還為每個邏輯 `&&` 和 `||` 表示式加 1，因為編譯器縮短這些表示式的行為就像一個額外的條件敘述。

將值彙總到類別、套件 / 命名空間和模組層次也是有意義的，這樣的指標稱為 `Average Cyclomatic Complexity`，而且應該以 `Cyclomatic Complexity` 指標的加權平均值為基礎。

`Number of Statements` 指標通常用作平均值的權重，使用加權平均值將確保許多像是 setter 和 getter 的小方法，不會過多地稀釋長方法的複雜性。

內縮債務

另一個好的測量複雜性方法，是看函數和方法中最大程式碼內縮的程度。內縮越深，方法就越複雜。這個指標對發現複雜程式碼有驚人的效果。你也可以藉由使用類別或原始檔案中所有函數 / 方法的加權平均值，輕鬆地將這個指標彙總到類別或原始檔案層次。就像 `Average Cyclomatic Complexity`，平均值應該被 `Number of Statements` 加權。我建議最大內縮程度的閾值為 4。

更改歷程指標

如同 Adam Tornhill 在他的優良著作《*Your Code as a Crime Scene*》（Pragmatic Bookshelf, 2015）中指出的，你的版本控制系統是有價值資料的寶庫，你可以挖掘這些資料來弄清楚哪些檔案被頻繁的更改、有多少人了解你程式碼的某些部分、在指定的時間範圍內有多少程式碼被更改等等。這很有價值，因為它可以幫助你在程式碼中找到可能是重構最佳候選者的熱點。

更改頻率

了解指定原始檔案在指定時間範圍內的更改頻率很有趣，因為頻繁的更改可以準確指出軟體設計中的不穩定性。這是由 `Number of Changes`（`d`）指標提供，其中 `d` 是以天數為單位的時間範圍。例如，`Number of Changes`（`30`）提供檔案在過去 30 天內更改的頻率。

程式碼流失

`Code Churn（d）`回答了在指定時間範圍內指定檔案增加或刪除了多少行程式的問題，其中 `d` 仍然是以天數為單位的時間範圍。你也可以通過將 `Code Churn（d）`指標除以檔案中的行數，而從這個指標衍生出 `Code Churn Rate（d）`指標。假設 `Code Churn Rate（90）`給你的值是 2，這可以解釋為「這個檔案在過去 90 天內已經被重寫了兩次」。這個指標提供了比只是計算更改次數更多的背景，因為它計算的是實際更改的行數。這也可以用於準確指出軟體設計中的不穩定性。

作者人數

`Number of Authors（d）`指標告訴你在指定時間範圍內，有多少不同的人對指定的檔案進行了更改。這相當有趣，因為它可以幫助你發現知識壟斷。例如，`Number of Authors（365）`值為 1 的所有檔案在過去一年中只有一個人提交更改的檔案。有可能這個人是唯一了解這個檔案的人；如果這個人決定離職，這可能會對公司造成風險。

使用版本控制指標來尋找重構的好候選者

就如我在本章開頭所指出的，大多數專案都以某種形式受到結構侵蝕。結構侵蝕的一個徵兆是更改經常在看似無關的地方破壞事物。這種問題很可能是在頻繁更改的複雜檔案中所引入的。你有很好的機會可以透過尋找那些熱點，並考慮如何透過重構程式碼來降低複雜性而改善這種情況。通常，結果會發現這些熱點也是「瓶頸類別」，或有大量傳入和傳出相依性的類別。

創新的視覺化可以相當程度地簡化這項工作。圖 9-9 中 Apache Cassandra 視覺化的「軟體城市」，使用 3D 視覺化同時顯示了一些指標。

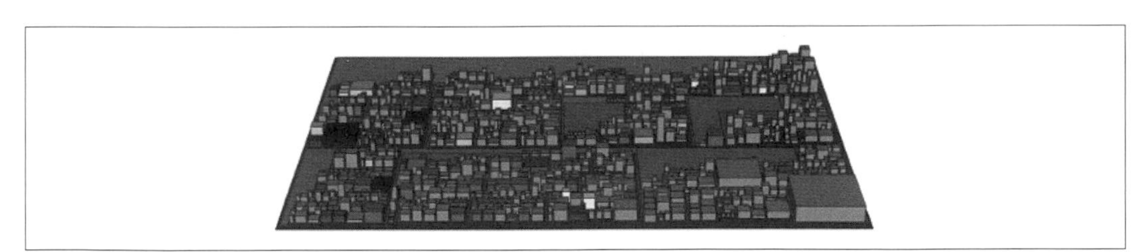

圖 9-9　Sonargraph-Architect 繪製的軟體城市

軟體城市中的每一棟建築都代表一個原始檔案。原始檔案利用模組和套件或命名空間組合在一起。建築物的佔地面積與 Lines of Code 表示的檔案大小成正比。每棟建築的高度是得自檔案的平均複雜性；色彩由它在過去 90 天內的更改頻率決定。例如，高大的深色建築物將是重構的好候選者。注意圖 9-9 左側較暗的建築物，它不很高但它是 Lines of Code 的第三大檔案——這從視覺化中比較容易看出。較深的顏色表示頻繁地更改。事實證明，問題中的檔案包含 StorageManager 類別，是非 SQL 資料庫明顯的重要類別。

這種視覺化很酷的地方是，你可以在這裡任意結合一對指標：例如，建築物的高度可以對應於傳入相依性的數量，而顏色則由複雜性決定。這讓你可以毫不費力地執行複雜的分析。

其他有用的指標

我發現還有兩個指標很有用，但不屬於耦合和複雜性指標的範疇。

組件等級

Component Rank 指標以 Google 的 Page Rank 指標為基礎。Page Rank 是設計用來在網際網路上尋找熱門網頁，而 Component Rank 使用相同的演算法在系統中尋找「熱門」的類別。Page Rank 演算法首先隨機挑選一個網頁，然後它以可配置的概率（預設為 80%）跟隨一個隨機傳出鏈接到另一個網頁。對於最後一個網頁，停止演算法並增加計數器。它的目標是為每一個網頁計算它成為最後一個網頁的概率。這是透過重複執行演算法直到每頁的概率數穩定而完成。

相同的演算法可以應用到類別或原始檔案，但使用傳出相依性來取代鏈接。現在，你可能會問自己：為什麼這是有用的資訊？好吧，假設你是專案的新成員，而且必須接管一個複雜的模組並為它增加新的功能。你之前從未看過它的程式碼，你應該從哪裡開始閱讀它呢？一個好的想法是從有最高 Component Rank 的類別開始。因為許多其他類別會引用它們，所以你可能必須先了解它們。

圖 9-10 計算圖中的每個節點成為一段存取期間中最終節點的概率，你隨機的從一個節點開始，然後（以 80% 的概率）跟隨一個隨機鏈接並（以 20% 的概率）結束這段期間。

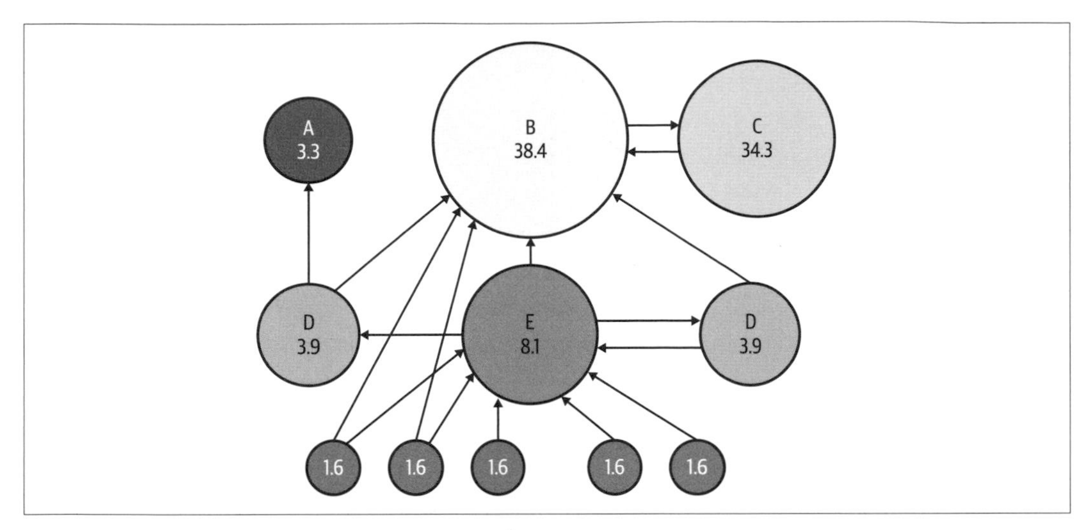

圖 9-10 Google 的 Page Rank 演算法的視覺化[4]

LCOM4

LCOM 代表 Lack of Cohesion of Methods，而數字表示是這個指標的第四個版本。這個指標的目的，是要弄清楚一個類別是否違反了單一職責原則（*https://oreil.ly/Uq3A3*）。它藉由建立在類別中的所有方法（除了建構函數、覆寫或靜態方法以外）、和類別中所有欄位（除了靜態欄位以外）之間的相依性圖來實現。這個指標的值是在它們之間沒有任何連接的子圖（稱為**連通分量**）數量。在理想的世界中，這個值對所有類別都是 1。如果這個值大於 1，你可以很容易地將類別分解為一些較小的類別。

在圖 9-11 中，類別中有兩個連通分量，一個由 x、f 和 g 組成，另一個由 h 和 y 組成。這意味著我們可以很容易地將這個類別分解成兩個不同的類別，一個由 f、g 和 x 構成，另一個由 h 和 y 構成。

當成是一個警告，你應該知道，當類別呼叫或存取超類別中的方法或欄位時，這個指標通常會失敗；它在類別的層次結構中效果並不好。另一方面，如果一個類別不是複雜層次結構的一部分，那麼這個指標在找出同一時間內做太多事情，並因此違反單一職責原則的類別時，效果很好。

4 "PageRank," Wikipedia, last updated April 9, 2022, *https://oreil.ly/vrdFb*。

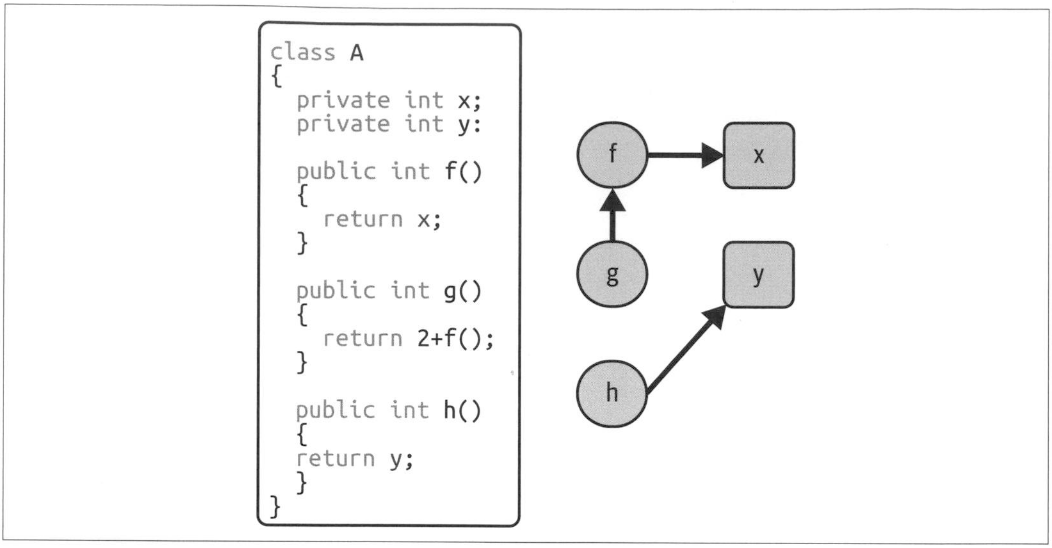

```
class A
{
  private int x;
  private int y:

  public int f()
  {
    return x;
  }

  public int g()
  {
    return 2+f();
  }

  public int h()
  {
  return y;
  }
}
```


圖 9-11　LCOM4 值為 2 的範例類別

架構適應度函數

架構適應度函數最初在 Neal Ford、Rebecca Parsons 和 Patrick Kua 所著的《*Building Evolutionary Architectures*》書中介紹。他們將架構適應度函數定義為「提供某些架構特徵的客觀完整性評估」[5]（參考本書第 2 章和第 8 章）。

架構特徵，也稱為「架構性」，是你希望透過架構實現的目標，像是穩定性、可擴展性、可維護性和敏捷性。適應度函數衡量你的架構能多好地實現這些特徵中的一個或多個。例如，你可以用像是同時的使用者數和平均反應時間等生產資料衡量可擴展性，或者你可以用 `Relative Cyclicity` 和 `Maintainability Level` 衡量程式碼的可維護性。

軟體架構師最重要的工作之一是進行權衡。如果不將複雜性增加到無法管理的程度，就不可能在同一個軟體系統中擁有所有想要的特徵。因此，你必須將需要的特徵排定優先順序，以便它們能最好地反映你的業務目標，而不會增加不必要的複雜性。更糟糕的是，其中一些特徵不能同時滿足。例如，最大性能和最大安全性是對立的目標，因為安全性需要加密，而加密會使用大量 CPU 資源，你必須在兩者之間找到正確的平衡。

5　Neal Ford, Rebecca Parsons, and Patrick Kua, "Chapter 2: Fitness Functions," *Building Evolutionary Architectures*。繁體中文版《建立演進式系統架構｜支援常態性的變更》「第 2 章：適應度函數」。

最後，我建議最多優先考慮三個特徵和可維護性，很少有可維護性不重要的使用案例。用適當的適應度函數測量這些特徵中的每一個。

你可以使用本章討論的一些指標作為適應度函數來測量可維護性，其中包括了可理解性，像是：

- 閾值為 75% 以上的 Maintainability Level
- 在套件 / 命名空間和組件層次上的 Relative Cyclicity，對組件的閾值為 4% 以下，對套件 / 命名空間則為 0%
- 閾值在 100 秒以下的組件 Structural Debt Index

你可以使用複雜性指標來弄清楚被認為是複雜的原始檔案的百分比是什麼。例如，你可以將平均內縮超過 3、平均複雜性超過 10 或大小超過 800 Lines of Code 的每個檔案定義為複雜。然後，你可以將複雜檔案的 Lines of Code 相加，並將它們與系統的 Lines of Code 總數進行比較。你可能會決定不希望有超過 10% 的程式碼變得複雜。

正如你所見，當以正確的方式使用時，指標可以成為強大的工具。你可以使用對指標的了解，並將其中的幾個結合成一個有用的適應度函數。在 CI 建構中檢查適應度函數，並在違反適應度函數目標時中斷建構，這是確保系統永遠不會以可怕的大泥球告終的有力方法。

如何隨著時間追蹤指標

要實作基於指標的回饋迴圈，你需要能夠隨著時間追蹤指標。達到這目的最好的方法是每天在自動建構中收集指標一次，並將它們饋入追蹤它們的工具中。

一旦有了趨勢的資料後，可以將資料繪成圖表。例如，圖 9-12 顯示了過去 90 天 Lines of Code 指標增長了多少。我建議追蹤所有的適應度函數，並參雜一些耦合和大小指標。有了關鍵指標的圖表，可以讓你及早發現有害的趨勢，以便可以在事情變得太糟糕之前做出反應。當然，也可以透過在適應度函數強加一些硬性閾值來做同樣的事情，但能夠看到指標如何隨著時間變化通常會很有用（如果違反硬性閾值，將會破壞建構；另一方面，違反軟性閾值時只會發出警告）。

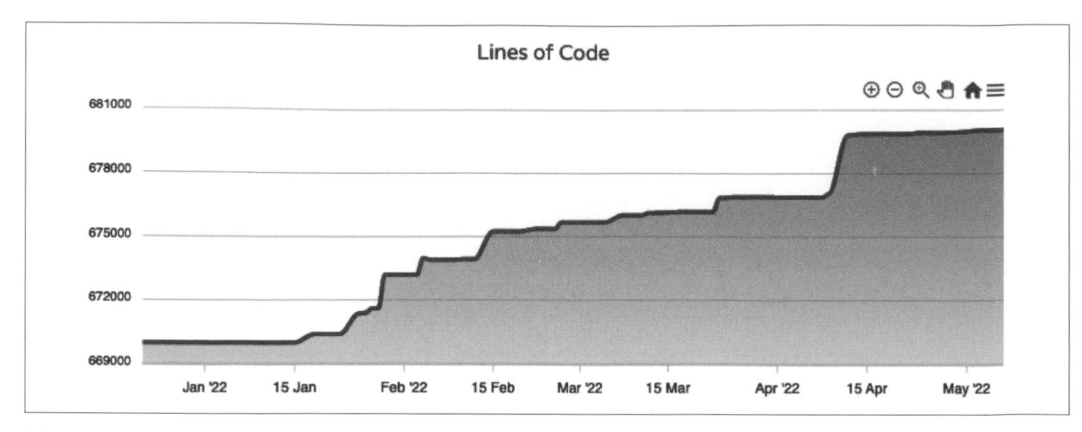

圖 9-12 Sonargraph-Enterprise 繪製的指標趨勢圖

你有幾個工具可以選擇，其中一些是免費的。SonarQube（*http://sonarqube.org*）對某些程式語言是免費的，但可以選擇的指標有限；透過 Sonargraph SonarQube 外掛程式可以提供額外的指標。你可以將 Jenkins（*http://jenkins.io*）與 Sonargraph-Explorer（免費）一起使用；它提供了很好的指標選擇，但圖表有限。Sonargraph-Enterprise 伴隨著 Sonargraph 的商業團隊許可，它有很好的指標選擇並具有靈活、客製化的圖表。最後，當然，只要你有一個好的資料來源，建構自己的解決方案也不太困難。

改善軟體的一些黃金法則

現在，我將與你分享迅速阻止結構侵蝕並確保你的軟體模組化、可維護的設計黃金法則。如果你開始一個新的專案，從開始就採用這些法則，你的軟體將比所有其他類似規模和複雜性專案中的 90% 更好。如果你從現有的程式碼庫開始，那第一個目標是止血——也就是說，確保事情不會變得更糟。然後，你可以設定每月或每季的目標，將違規的次數減少幾個百分點。隨著時間的推移，這效果將累加並顯著地改善程式碼庫的可維護性和可理解性。

以下是我推薦的法則：

- 擁有一個正式且可執行的架構模型，這模型定義了軟體的不同部分以及它們之間允許的相依性。就如我已經深入討論過的，這條法則基本上是需要控制和最小化耦合的合乎邏輯結論。擁有這樣的模型，為開發人員提供了更多背景，並以可執行的方式闡明了系統的架構設計。
- 避免在命名空間 / 套件層次上的循環相依性。

- 限制在原始檔案 / 類別層次的循環相依性。任何有 5 個以上元素的循環群都很有機會變成程式碼癌症，並進一步增長到變成非常難以解開的混亂。如果可以的話，即使是小的循環群也應避免。

- 避免程式碼複製（透過拷貝和貼上的程式設計）。我之前沒有提過這一點，因為本章關注的是指標，但是拷貝和貼上的程式設計是種經典的程式碼異味（*https://oreil.ly/xUtfn*）。有時候，複製程式碼可以用來打破原本很難打破的循環，但我認為這是一種罕見的極端情況。

- 將原始檔案的大小限制為 `800 LoC`（作為軟性閾值）。

- 將最大內縮限制為 4，並將 `Modified Cyclomatic Complexity` 限制為 15（作為軟性閾值）。

所有這些法則都可以用你在這裡學到的內容實作。實作它們最好的方法是基於工具的方法，你可以在 CI 建構中自動驗證這些法則。在整個組織中實作這些法則也是一個好主意，以便所有開發人員都能熟悉它們。這樣做實際上可以保證有更好的可維護性、更好的程式碼品質，因此更加提升開發人員的工作效率。我曾與幾個客戶合作實作這種基於法則的方法，並且可以確認，隨著時間的推移，它產生了令人相當印象深刻的改善。

結論

在本章你已經學了一些有用的指標，以及基於指標回饋迴圈的概念。而且你現在知道，結構性技術債務（或架構債務）確實會損害開發團隊的生產力。

到目前為止，應該很清楚指標是能夠幫助你及早發現有害趨勢，以確保你的軟體專案永遠不會以成為大泥球告終的強有力工具。當然，為了這個目的你需要使用工具，其中有一些工具甚至是免費的。如果你還沒有準備好更大規模的使用指標，我強烈建議你專注於避免或至少限制在程式碼庫中的循環相依性；這本身將阻止結構性侵蝕最嚴重的副作用，並使它未來更容易採用較嚴格的規則。

第十章

用目標 - 問題 - 指標方法測量未知物

Michael Keeling

在軟體中，就像在生活中一樣，最重要的事情往往是最難衡量的。系統中有多少技術債務，你應該在哪裡投資？實作的架構能夠多滿足最重要的品質屬性？團隊的設計成熟度進展如何？對於像這些大問題，很容易根據直覺大膽地猜測，但這可能會有偏見而且不可靠；使用資料要好得多。當我需要為像這些棘手的、難以回答的問題定義指標時，我會求助於目標 - 問題 - 指標（GQM）方法。

GQM 方法是由 Victor Basili 和 David Weiss（*https://oreil.ly/SMvwj*）提出的一種分析技術，用於幫助團隊弄清楚在軟體開發中如何衡量和評估棘手的問題[1]。這個技術容易學習並且直接了當的應用。它可以單獨使用，或作為協作研討會的一部分。發現評估困難問題的正確指標仍然需要創造力和分析的思維，但 GQM 提供了足夠的結構將團隊推向更好的結果。

本章，你將學習如何使用 GQM 方法，並促進以 GQM 為核心的協作研討會。你也會看到關於軟體開發團隊如何使用 GQM 評估和改善架構中差距的案例研究。在本章結束時，你將了解與團隊一起應用 GQM 所需要的一切。

1 V. R. Basili and D. M. Weiss, "A Methodology for Collecting Valid Software Engineering Data," in *IEEE Transactions on Software Engineering* SE-10, no. 6 (Nov. 1984): 728–738, doi: 10.1109/TSE.1984.5010301。

目標 - 問題 - 指標方法

GQM 背後的核心假設很簡單：要很好地測量某件事，你必須了解為什麼要測量它。了解**為什麼**——你想要完成的目標以及評估進度所需要回答的問題——讓你有能力確認和選擇工作最適合的指標。了解指標背後**為什麼**的團隊，更有可能使用和信任這些指標來引導未來的決策。GQM 幫助我們將目標從關於我們願望含糊不清的陳述，轉變為可量化和可驗證的模型。

GQM 模型是分層結構的，如果你把它想像成一棵樹，那麼目標就在根部。從目標開始，樹分枝到問題，然後再分枝到用來回答這些問題的指標；葉子是用來計算指標的資料。用這種方式，GQM 建立了可追溯性：你可以從任何單獨的葉子（正在收集的資料）追蹤回到根部（首先收集資料的目的）的路徑。

建立 GQM 樹

在 GQM 中，**目標**是一個描述你想要理解和測量東西的簡單陳述。理想的目標陳述描述了目的、要測量的對象、感興趣的問題或主題，以及你考慮目標的觀點。

以下是一些關注軟體架構問題目標的範例：

- 從使用者的觀點改善系統可用性。
- 從產品管理者的觀點減少新微服務的開發時間。
- 從軟體開發人員的觀點減少架構中的技術債務。
- 減少發布到生產中錯誤的數量。
- 在使用者之前檢測出生產中更多的問題。
- 從使用者的觀點改善機器學習模型的準確性。
- 從開發團隊的觀點在架構中做出更好的設計決策。

預先提供目標對於開發過程至關重要。目標透過將注意力集中在一組特定的測量上，而建立了概念上的方向。目標可以專注在任何感興趣的對象上，包括架構的元素、軟體開發的過程、技術實驗、設計工件，甚至是團隊和組織。定義要評估的對象，使要測量的內容與需要測量它的原因一致。

當你提高了對要測量內容的理解，目標通常會在整個分析過程中修訂。即使是一個只抓住了需要測量本質的不完美目標陳述，也是有用的。

一旦定義了你的目標，你就可以提出**問題**來探索和描述它的特徵。問題應該以操作為重點，並幫助你評估對目標的進度：你是更接近或是遠離目標？

好的問題可以闡明問題以及解決這些問題的潛在後續步驟。提出好問題需要有好奇心，你必須願意暫時放下實際的東西，並提出需要問的問題，即使你現在不確定如何回答。

以下是一些可能有助於從使用者觀點評估改善系統可用性目標的範例問題：

- 我們目前的可用性是多少？
- 哪些組件或服務有最好的可用性？最差的？
- 哪些組件或服務減少最多？
- 為什麼組件或服務變成不可用？
- 一次典型的當機時間是多久？
- 當機什麼時候發生？

要回答每個問題，你需要定義一個或多個**指標**。指標可以有多種形式，包括簡單的評量指標、布林值（是 / 否、真 / 假）、統計推理和不同複雜性的方程式。你計劃使用的任何指標，最終都需要一個清晰和精確的定義。每個指標至少與一個問題關聯，有時候可以用相同指標回答多個問題；但也可能需要用多個指標回答一個問題。

將這些全放在一起，你可以建立一個如圖 10-1 所示的 GQM 樹。

我喜歡這個方法的一點是，它的名字就說明了一切：它只有三個步驟，確認一個**目標**，列舉評估目標的**問題**，定義可以幫助你回答問題的**指標**。

好吧，這個名字**幾乎**說明了一切。定義指標之後，你必須決定如何收集計算指標所需要的資料。

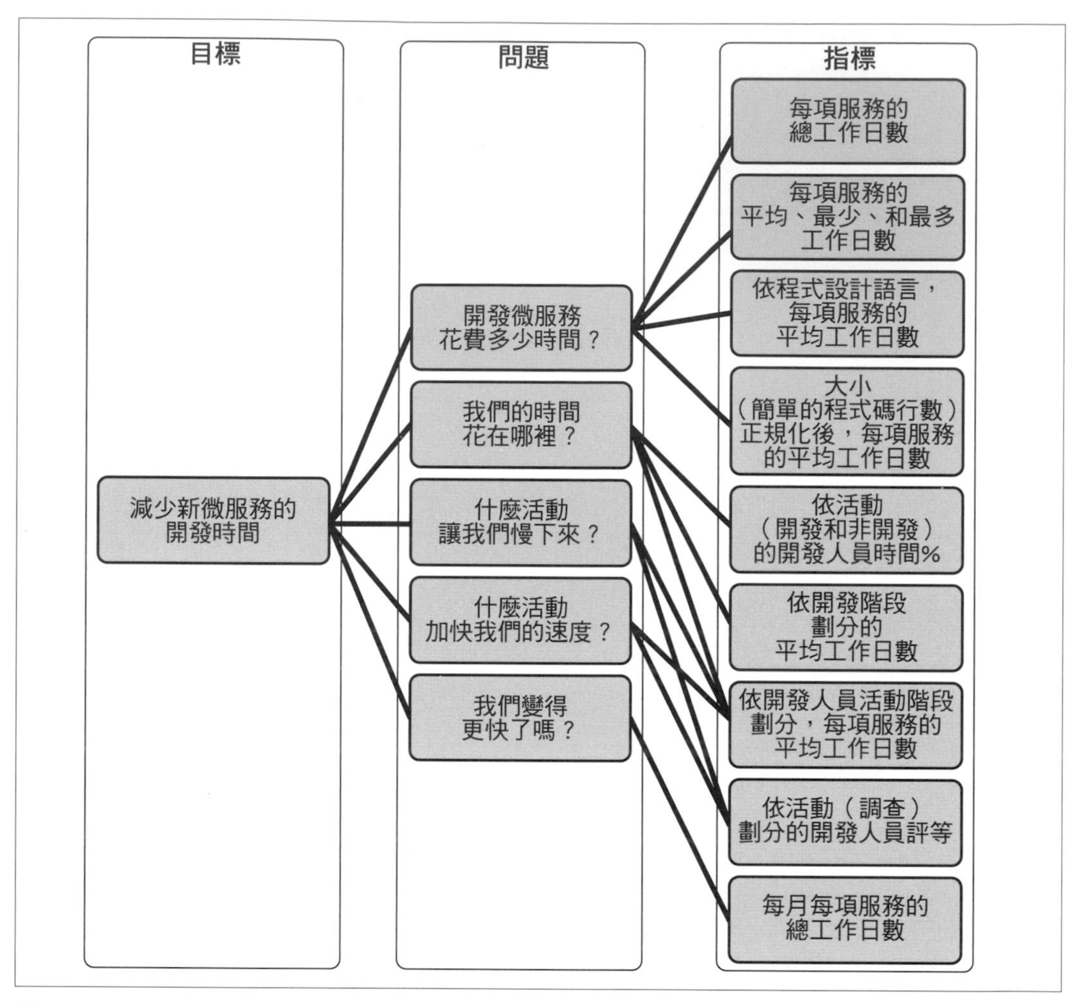

圖 10-1　GQM 樹範例

確定指標優先順序並制定資料收集策略

只知道可以如何測量目標是不夠的，你還必須計劃如何測量它。如果你在腦力激盪問題和指標方面做得很好，你的 GQM 樹應該有一些分枝。在實踐中，並不是所有指標都提供強烈的訊號；某些指標不切實際或計算的成本高昂。在決定如何收集資料之前，稍微修剪一下 GQM 樹是個好主意。

最好是專注在提供強烈訊號且計算成本低廉的指標上。首先確認提供最強烈訊號的關鍵指標，接下來尋找任何可以用來回答多個問題的指標。如果某些問題是由多個指標回答，請仔細考慮是否所有指標都是必要的。請記住，要包含正面和負面的指標——表示成功的指標和表示失敗的指標——對保持可信度是很有用的。

接下來，考慮計算指標所需要的資料。如果你還未精確地定義指標，現在就定義它。擴展 GQM 樹（如圖 10-2 所示）視覺化顯示資料將使用於何處。一筆資料幫助計算的指標越多，這筆資料就越有價值。圖 10-3 顯示了一個擴展的 GQM 樹，它連接了資料與指標。提供高價值指標而且收集成本低廉的資料，應該是你的首要工作。

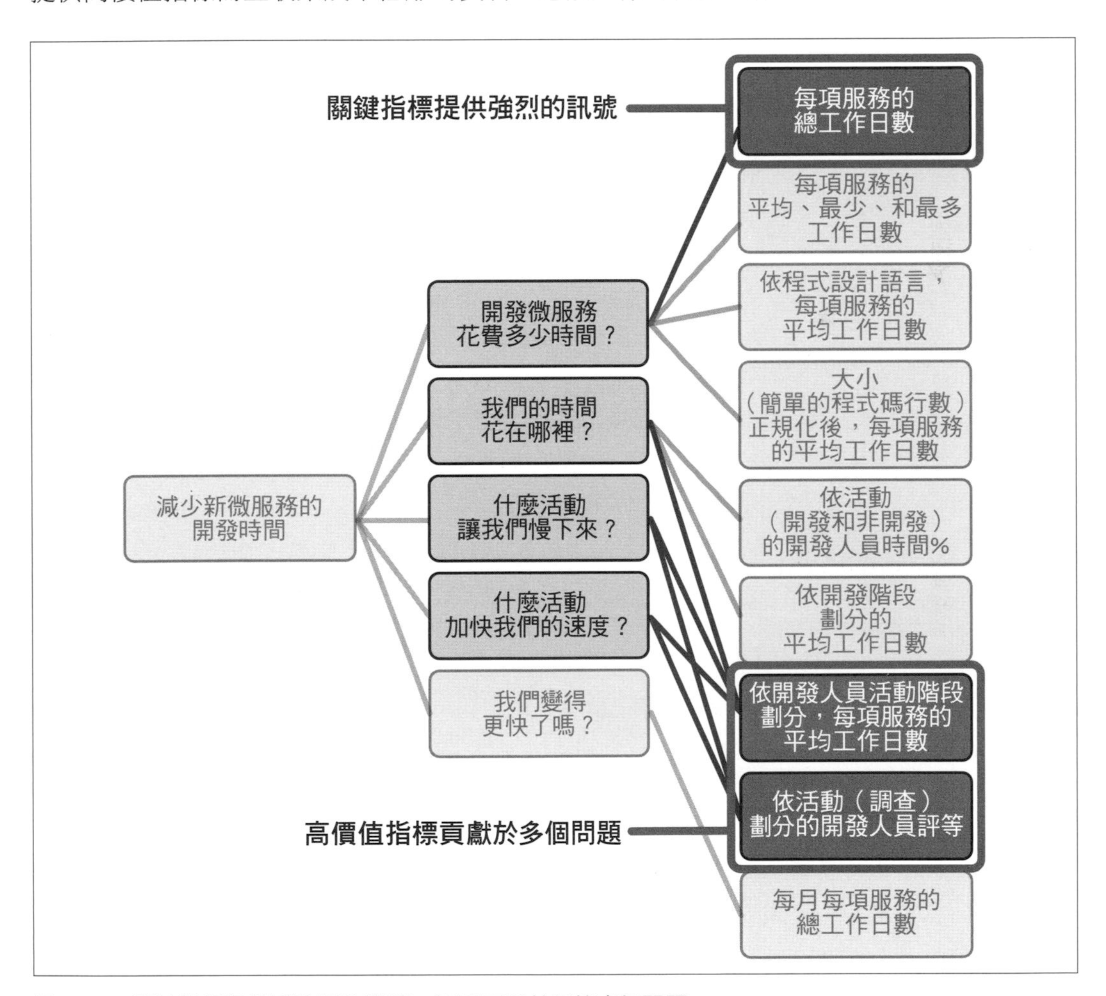

圖 10-2　關鍵指標提供了強烈的訊號，而且可用於回答多個問題

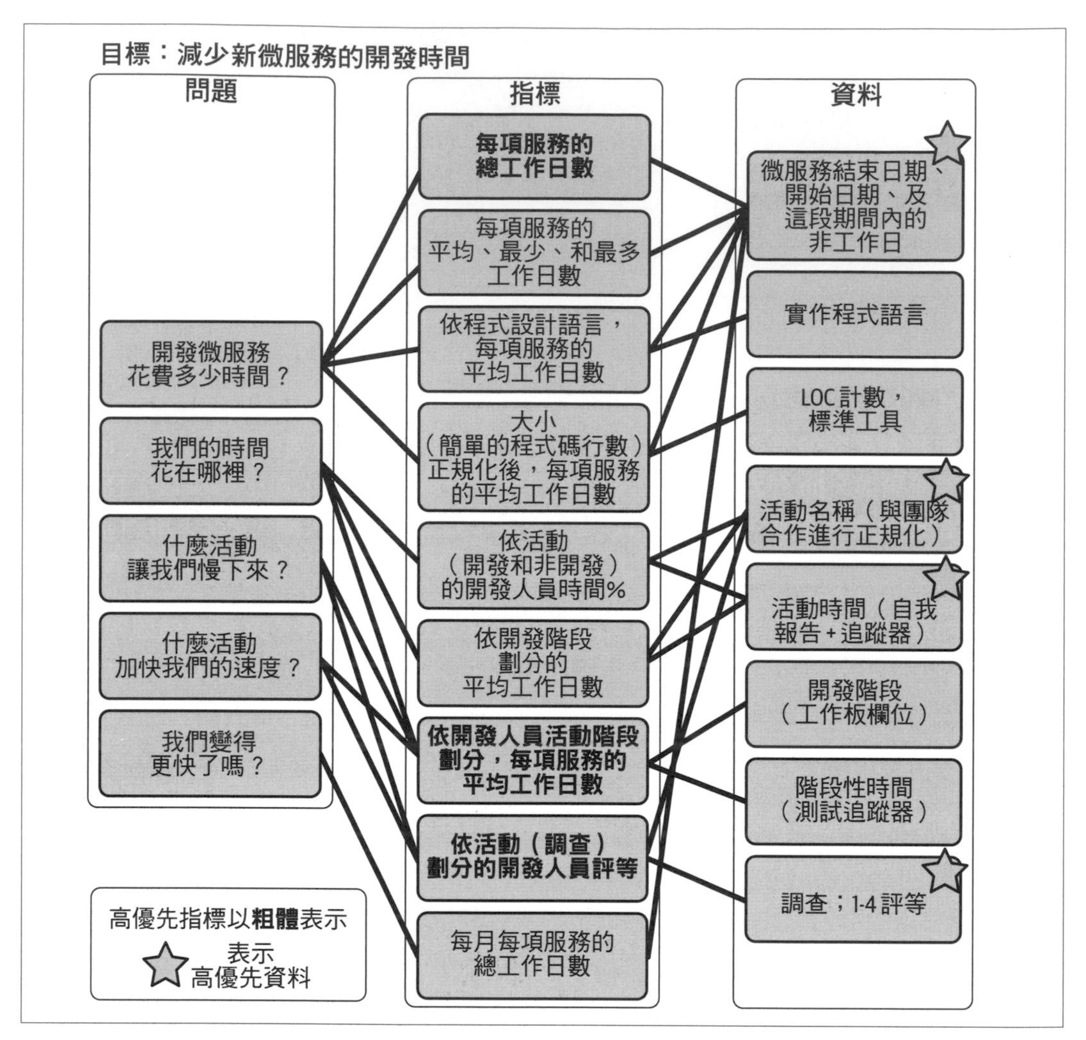

圖 10-3　在 GQM 樹中確定指標和資料的優先順序

資料可以有很多來源，這取決於你測量的內容。你可能需要檢測你的程式碼以記錄必要的資料。關於開發過程或方法的資料可能來自於調查，也可能從工作資料庫中獲得。關於程式碼的資料，可以從原始程式碼存儲庫中收集或使用靜態分析工具提取。對於短期、快速的實驗，手動收集幾天內的資料有時是最簡單和最便宜的。重要的是，你知道從哪裡獲得計算指標所需要的資料。

這時候，你有足夠的資訊制定一個收集資料和計算指標的具體計畫。根據目標的不同，也許不需要計算所有指標或回答所有問題。確定你需要做的工作，像是記錄和收集資料、計算指標和建構資訊看板等。與團隊和其他任何利益相關者分享計畫，然後將計畫付諸行動。

案例研究：已經學會預見未來的團隊

現在你了解了 GQM 方法背後的基本想法，讓我們探討一個具體的案例研究以展示如何在實踐中使用它。

在這個案例研究中，你會讀到一個開發團隊面臨二件服務當機的故事。在對第一起事件的事後分析期間，團隊使用 GQM 確認可以讓他們更快了解事件的指標。他們藉由改善操作的可見性，和對架構進行重要的更改做回應。9 個月後，當類似問題發生時，這些指標受到了檢驗。這一次，多虧了他們所做的更改，團隊在使用者之前就獲悉了這個問題，並且很容易地將原本是重大的當機轉變成短暫的不方便。

系統背景

本案例研究中的系統對某些資料的操作，依賴於第三方服務。其中一些第三方服務強加了 API 費率限制。這個架構使用佇列確保資料最終由第三方服務處理，並管理對這些服務的請求量。對於這個故事，技術的重要性不如架構模式。圖 10-4 顯示了這個架構相關部分的背景圖。

在這個系統中，我將稱它為 Foo Service（不是它真正的名稱）的一個重要第三方服務，在許可協議中定義了強加的 API 請求限制。當對 Foo Service 的請求數量超過許可協議中定義的閾值時，Foo Service 會拒絕請求並回傳「超過費率限制」的回應。後續的請求將持續被拒絕，直到計算出的費率低於協定的閾值。每小時和每天的費率都有限制。在請求的大小上和 Foo Service 使用的總計算負荷上也有限制。

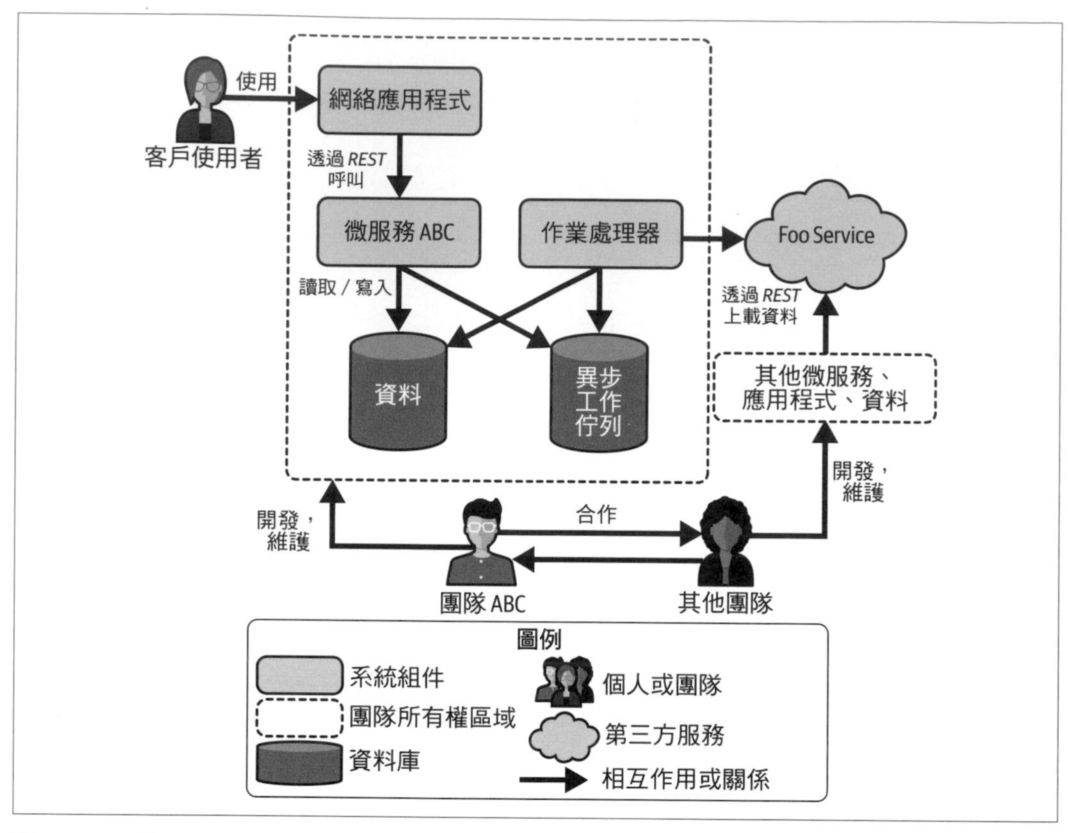

圖 10-4　系統背景圖

異步工作佇列是架構的重要部分。除了管理與像是 Foo Service 般第三方服務的相互作用以外，它們還驅動工作流程並管理其他資料分析。當佇列變得太大時，內部使用者可能會受到負面的影響。佇列被設計的有彈性，例如，對某些類型的請求失敗時，會重試對第三方服務的請求。當出現暫時的當機時，只要佇列和工作人員保持正常的操作，系統最終會達到正確和一致的狀態。自我修正是一個重要的系統屬性，尤其是在 Foo Service 的情況下，因為它很容易超過費率限制，但這個限制會很快地重置。

事件 #1：對 Foo Service 的請求太多

在某個週一的凌晨，因為超過 API 費率限制，Foo Service 開始拒絕請求。因為 Foo Service 的費率限制是整個軟體系統的共享預算，這同時影響了多個組件。在幾個小時內，每個作業在工作佇列中等待處理的時間急劇增加，使用者感覺受到了影響。

團隊很快地就發現了問題。每個週末，都會有大量資料上載到 Foo Service，以便在週一早上提供內部使用者使用。存儲解決方案中的失效與這批次操作中的錯誤相結合，造成批次操作積極地重試對 Foo Service 的 API 請求，最終超過費率的限制。停止失控的批次操作，可以使系統緩慢地恢復。團隊修復了存儲解決方案，批次操作就能成功地完成。

在這次事件的事後剖析中，開發團隊確定修復批次操作中的錯誤是一項明顯而重要的行動專案。他們質疑：他們是否能更早地發現與 Foo Service 的通訊問題？是否有可能在使用者受到影響之前發現潛在的事件並修復它？為了回答這些問題，團隊求助於 GQM。

失敗是什麼樣子？

如果團隊能更早地得到有關問題的警示，他們也許能夠更快地反應並避免影響使用者。團隊需要弄清楚如何更好地識別潛在的故障場景，以便他們能夠更早地對潛在的當機做出反應。

他們的目標很簡單：儘早發現涉及 Foo Service 的問題，並在這些問題對使用者造成負面影響之前減輕或解決這些問題。理想情況下，使用者應該認為工程團隊是由可以預見未來無所不能的魔術師組成。

為了實現這個目標，團隊腦力激盪地提出了可以幫助他們達成目標的問題和指標——這始終是一個混亂的過程。隨著對 Foo Service 預測失效的真正含義有了更深入的了解，問題和指標也在攪動和演進中。他們使用共享文件收集問題，在大約半小時內反覆討論和修改想法。

表 10-1 總結了團隊的發現。

表 10-1　指標腦力激盪總結文件

目標：發現使用 Foo Service 的問題，以便工程團隊可以在影響使用者之前減輕或解決這些問題。	
問題	指標
目前 Foo Service API 使用情況是什麼？	Foo Service 報告的 API 使用情況
我們多接近超過 Foo Service 費率的限制？	剩餘的 API 呼叫 （可用總配額──報告的使用情況）
	所有組件的剩餘 API 配額 % （報告的使用情況 / 總配額）
	每個組件的剩餘 API 配額 % （組件追蹤的使用情況 / 組件分配的配額）
是 Foo Service 有問題，或是我們連接到 Foo Service 有問題？	核心是成功的 （布林指標，具有處理尖峰訊號的容錯能力）
	合成流量如預期的同步到 Foo Service （布林指標）
	超過 15 分鐘窗口的超時請求 %
	超過 15 分鐘窗口的身分驗證錯誤請求 %
作業是否依預期工作？	總請求數
	正常、錯誤和超時反應數
	超過 15 分鐘窗口的錯誤反應 %
我們是否能跟上請求的負荷？	作業佇列深度（待處理和進行中作業的數量）
	隨時間變化的平均佇列深度
	平均、p99、p95 作業處理時間
	平均作業吞吐量（作業數 / 時間）

現在團隊了解了發現 Foo Service 上的問題需要什麼指標，他們將注意力轉向資料收集。這時候，他們在架構上發現了一些缺陷。首先，資料只有在系統處於低負荷時才記錄。第二，架構中沒有明確分配處理失效和重試的責任。第三，隊友不確定如何對問題反應。

操作可見性和架構改善

第一個問題與系統如何收集資料直接相關。沒有流量，就沒有請求會進到 Foo Service。如果沒有請求，就不可能知道 Foo Service 是否能如預期的工作。雖然如果 Foo Service 在沒有人需要它時發生當機，將不會造成任何傷害，但團隊希望能夠提前通知使用者潛在的問題。顯然地，團隊無法修復 Foo Service，但他們可以使用這個資訊預測在他們控制下其他潛在的系統失效。

為了堵住這個資料收集漏洞，團隊在架構中引入了一個新的核心組件來檢查 Foo Service 的可用性。幸運的是，Foo Service 提供了一個計量 API，所以客戶可以檢查他們目前 API 的使用情況，並確認 Foo Service 是可以存取的。計量 API 提供的額外資訊使管理整個 API 預算變得更加容易。

接下來，團隊藉由將處理失效的責任分配給工作佇列而不是作業，來澄清架構設計。之前的設計讓這個決定保持開放。因此，一些作業試圖重試對 Foo Service 的失敗請求，這進一步加劇了事件的影響。

在當機事件期間，嘗試自己恢復動作的作業執行時間更長。這些作業不可避免地會失敗，並再次進入佇列中稍後重試，這只會增加佇列的擁塞。因此，發送到 Foo Service 的請求數量隨著時間的推移而急劇增加。在最壞的情況下，一些作業對 Foo Service 進行了 5 次失敗的嘗試，並且在永久失敗之前重試了 10 次，導致總共 50 次的 API 請求！團隊決定作業應該更快速失敗，然後用**架構決策記錄**（ADR）來描述這個決定。

有了指標，團隊就有了形成清晰行動計畫所需要的構件。他們增加了警示，所以他們可以在生產中自動地監控已確定的指標。對於每個指標，他們都建立了操作手冊，所以每個人都知道如何應對潛在問題。每個操作手冊都參考了這些指標，以便更容易地診斷問題並消除誤報。他們也建立了工具並增加了診斷 API 來協助恢復工作。

事件 #2：看到未來

團隊的一些成員質疑所有這些工作是否有必要：畢竟，他們已經解決了根本原因。大約 9 個月後，他們發現他們的指標和架構變化是多麼的寶貴。

在一個週五的凌晨，一位 Foo Service 開發人員部署了一項導致系統完全當機的配置更改。在接下來的 14 小時中，Foo Service 完全無法使用。

這一次，團隊已經準備好了。在 Foo Service 全球都無法使用的 10 分鐘內，他們收到基於其中一個確認指標的警示。多虧了新的診斷 API，他們很快地確認問題出在 Foo Service，而不是他們能夠控制的事物。他們禁用了一些警示並監控指標，再一次確認作業失效是否用指數退避法重試，如 ADR 中所描述的。一切都按計畫進行。

工作日開始後不久，在單一使用者注意到問題之前，團隊發送了一封電子郵件，通知內部使用者這個問題。9 個月前這本來是一個關鍵的、零優先的問題，而現在幾乎不值得一提了（至少對於這個團隊而言！）。當 Foo Service 重新上線，系統依設計進行自我修正，當一切都恢復正常了，團隊會在接下來的幾個小時中監控著系統的指標。

省思

在這個案例研究中，你看到了一個團隊如何使用 GQM 方法來通知系統設計變更，因而幫助他們更有效地應對重大的系統當機。在過程中團隊確認的指標成為他們操作可見性和事件反應策略的關鍵部分。此外，對於指標和計算這些指標所需要資料的具體思考，暴露出架構中的差距。他們增加了一個新組件來收集必要的資料，並澄清了重試的架構責任。

許多事件的事後分析暴露出操作可見性和反應策略的弱點。如你所見的，GQM 不只可以用來突顯這些弱點，還可以顯示朝向更好軟體系統的道路。

舉辦 GQM 研討會

GQM 是單獨或小組分析棘手問題的一個極好工具，它也可以作為一個結構化的協作研討會，讓不同背景的利益相關者做出貢獻[2]。在這一節，你將學習舉辦 GQM 研討會的基本知識。

研討會摘要

研討會的目的是為特定目的計算和收集的指標和資料，建立共識和共享的所有權。在研討會結束時，所有參與者都應該了解為什麼需要特定的指標，以及這些指標將如何計算。

好處

研討會透過強調利益相關者的目標作為衡量的基礎，建立對指標和資料收集計畫的信心。邀請利益相關者參與，可以為最終的指標和資料收集計畫創造更強的認同，並能夠導致更徹底的分析。

研討會本身就是向群組展示結構化分析使用的機會。擁有積極體驗的參與者通常會找到在其他情況下應用 GQM 的機會。

參與者

技術和非技術利益相關者都可以參加研討會。根據目標的不同，可能需要非技術利益相關者。例如，如果研討會將探討一個專注在特定業務流程的目標，那麼主題內容專家就應該參與。同樣地，如果目標與產品發布有關，那麼產品管理、營銷、設計和銷售等利益相關者應該參與。但總是至少應該有一位軟體開發人員參與。

2 參考我的著作《*Design It! From Programmer to Software Architect*》（Pragmatic Bookshelf, 2017）。

這研討會在 2 到 5 人的小組中效果最好，但也可以使用分組討論的方式讓更大的群組比較容易進行。不要忘了， GQM 也是一種可以自己使用的很好分析技術！

準備和材料

在研討會之前，建立一個用於研討會開場的目標陳述草案，闡明要探討的目標也有助於確定是否邀請了合適的參與者。

如果你和研討會參與者都在現場，你只需要一塊大的白板和白板筆；便條紙是可選的，但可用於問題和指標的腦力激盪。

對於分散式遠程的研討會，虛擬白板（像是 Miro）更為合適，但也可以使用讓所有參與者都可以編輯的任何共享文件（像是 Google Docs 或 Dropbox Paper）。在緊要關頭，簡單的螢幕共享也有作用，但這會使利益相關者比較難參與。

結果

在研討會結束時，你應該得到：

- 所有利益相關者都接受的目標措詞
- 賦予目標特色的問題清單
- 帶有參考到各指標協助回答問題的指標優先順序清單
- 指標定義（正式或非正式）
- 計算指標所需要的資料清單

研討會步驟

以下是你可以用來進行研討會的一般步驟，包括：

1. 從介紹研討會及分享基本規則開場。例如，「今天我們將一起定義評估即將推出產品所需要的指標。請記得在整個研討會期間以體貼、和藹和尊重的態度對待彼此。」
2. 將目標陳述寫出來讓每個人都能看到。如果使用實體白板，留下足夠的空間以便後續添加問題和指標。
3. 邀請參與者提供問題：「要知道我們是否符合這個目標，你需要回答哪些問題？」收集問題，直到時間用完或群組僵在那。

4. 挑選一個問題，並邀請群組腦力激盪可以回答這個問題的指標。將指標描繪出來讓大家都能看到，從指標連線到它可以回答的所有問題上。記住，這是腦力激盪，應鼓勵參與者發揮創意，先不要擔心如何計算指標或收集資料。持續的收集指標，直到時間用完或群組僵在那。

5. 一旦每個問題至少都有一個指標匹配後，回到目標並進行完整性檢查。這些指標是否能夠幫助評估這個目標？目標需要改寫嗎？是否還有新的目標應該考慮？如有必要的話，再精煉目標的陳述。

6. 確認計算每個指標所需要的資料，也可能還需要更精確地定義指標。

7. 排定指標的優先順序，這可以透過一些方法完成，一般的方法包括確認「必有的」指標、尋找能回答一個以上問題的「物超所值」指標、點投票以及依照價值 / 工作排序（你只需要一種確定優先順序的技術）。

8. 開放最後的省思和觀察時間。有沒有任何出乎意料的事？對於最重要的指標是否達成共識？是否存在看起來有問題或成本過高的指標？

9. 研討會結束後，記錄成果並與所有參與者分享。如果有必要的話，準備一份描述群組發現的報告，當成是回家的功課。

促進指引和提示

以下是促進研討會的一些指引和提示：

- 當產生了問題和指標後，參與者可以使用便條紙進行腦力激盪，每張便條紙一個問題。一旦腦力激盪結束，請參與者大聲唸出便條紙所記內容。在繼續之前，將便條紙所記內容歸類並移除重複的。
- 要確認指標可能很棘手！如果群組似乎卡住了，透過說些像「讓我們先不要擔心如何獲得資料，一旦知道了我們需要什麼指標，我們就能弄清楚如何計算它們」之類的話，鼓勵「創造性」思維。
- 尋找重用指標或資料的機會。指標可以用來回答多個問題，而相同的資料也許能計算多個指標。
- 對以系統為中心的問題，架構可能會影響收集資料的能力。因此對架構有深刻了解的人應該參與研討會，協助評估資料收集的成本。
- 不要忘了幫 GQM 樹拍張照片！這是分享 GQM 分析精髓的又快又簡單的方式。

範例

在這一章，你已經看過了 GQM 樹、目標、問題和指標的一些例子。圖 10-5 顯示在一個同地舉行的 GQM 研討會期間建立的 GQM 樹。本次研討會的目標是，確任可以用來標記詐欺調查記錄的分析。注意在這個階段的 GQM 樹相當混亂！

研討會結束後，主持人準備了一份對討論的指標有精確定義的書面總結，利益相關者在後續的會議中排定了指標的優先順序。在這情況下，資料收集和指標計算，是直接注入架構設計和專案範圍的關鍵系統需求。

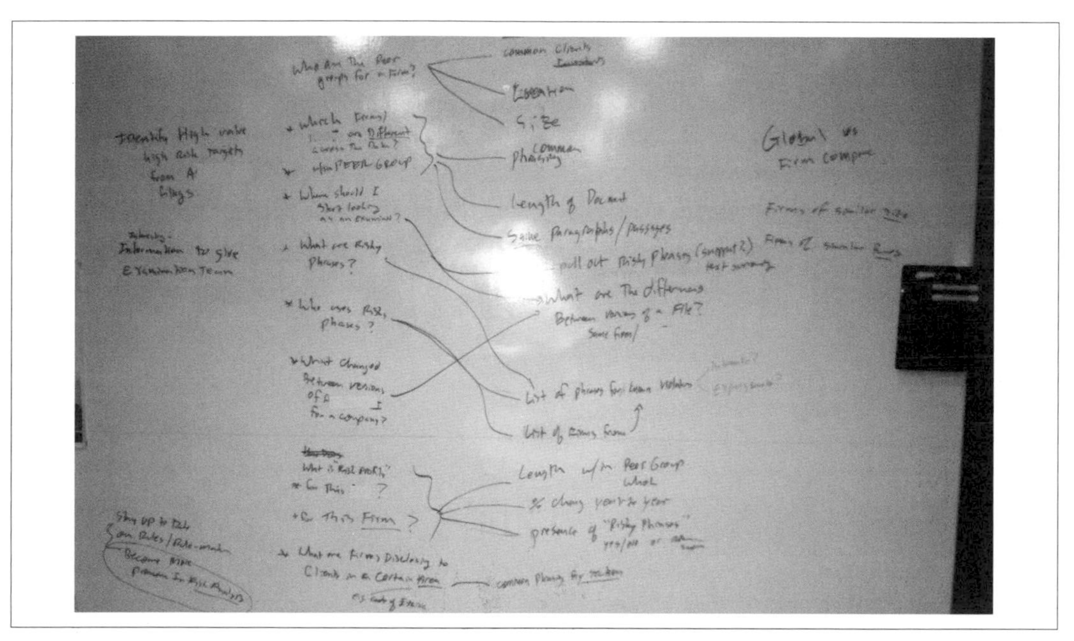

圖 10-5　在一個 GQM 研討會期間，從白板上拍攝的 GQM 樹範例

結論

在我大學畢業後的第一份工作，我參加了一個才華洋溢的團隊，負責評估一個複雜、分散式、即時、有嚴格安全性的系統。在評估過程中，我們收集並使用了大量指標。團隊的負責人有句名言：「指標本身只能告訴你出了什麼問題，但它不能告訴你該怎處理。」GQM 為在實踐中辨認指標提供了必要的背景。

作為一名軟體架構師，我經常在最佳的位置上幫助團隊衡量對他們最重要的事情，尤其是在他們對需要衡量的內容所知甚少的情況下。從一週到另一週，我發現自己對策略規劃、制定目標和關鍵結果（OKRs）、為產品發布做準備、評估軟體組件的品質、決定如何處理技術債務、或是幫助團隊設計和衡量實現特定品質屬性的系統架構等方面有些貢獻。

GQM 是我工具箱中的必用工具；它本身作為分析工具、團隊指導工具，以及在利益相關者之間建立共識的研討會工具上非常有用。無論意圖是為了記載指標，或只是單純的促進關於測量和資料收集的討論，GQM 都能提供幫助。從目標開始，提出可以讓你評估目標的問題，對讓你回答這些問題的指標進行腦力激盪。

對深刻了解的事物發現好指標很容易，但是最有用的指標是幫助你衡量你還未完全了解的事物。當然，我們不了解的事物也是最難衡量的；而 GQM 可以幫助你在這片陌生的領域中航行自如。

索引

※ 提醒您：由於翻譯書排版的關係，部份索引名詞的對應頁碼會和實際頁碼有一頁之差。

Symbols

A

B

C

D

E

F

G

H

I

J

K

L

M

N

O

P

Q

R

S

T

U

V

W

Y

關於作者

Christian Ciceri 是以卓越軟體架構而聞名的軟體開發公司 Apiumhub（*https://apiumhub.com*）的軟體架構師和共同創辦人，他還是一個客戶身分和存取管理解決方案應用程式 VYou（*https://www.vyou-app.com/en*）的軟體架構負責人，以及全球軟體架構峰會（*https://gsas.io*）的負責人。他的專業生涯始於對物件導向設計問題的特殊興趣，並對程式碼層次和架構層次設計模式和技術有深入的研究。他曾是敏捷方法論的實踐者，特別是在極限程式設計方面，具有像是 TDD、持續整合、建構管道和演進設計等實踐方面擁有豐富的經驗。

他一直以廣泛的技術知識為目標；這就是為什麼他探索了包括 Java、.NET、動態語言、純腳本語言、原生 C++ 應用程式開發、傳統的分層、以領域為中心、傳統的 SOA 和企業服務匯流排等，各種技術和架構風格。用他自己的話：「軟體架構師應該建立一個有效的生態系統，讓團隊能夠有可擴展、可預測和更便宜的產品。」

Dave Farley 是持續交付的先驅，也是 CD、DevOps、TDD 和一般軟體開發的思想領袖和專家實踐者。

在現代計算的初期，Dave 多年來一直是程式設計師、軟體工程師、系統架構師和成功團隊的領導者，他用計算機和軟體如何工作的那些基本原則，並塑造了開創性的創新方法，改變了我們如何著手處理現代軟體的開發。Dave 挑戰了傳統的思維，並帶領團隊建構了世界級的軟體。

Dave 是 Jolt 獲獎書《*Continuous Delivery*》的共同作者，是一位受歡迎的會議演講者，並經營著一個以軟體工程為主題成功的、不斷增長的 YouTube 頻道。Dave 建立了世界上最快的金融交易所之一，是 BDD 的先驅，新暢銷書《*Modern Software Engineering*》（Addison-Wesley, 2021）的作者以及《*The Reactive Manifesto*》的共同作者，而且是 LMAX Disruptor 開源軟體的 Duke's Choice Award 獲獎者。

Dave 熱衷於透過諮詢、YouTube 頻道和培訓課程分享他的專業知識，以幫助世界各地的開發團隊改善軟體的設計、品質和可靠性。

Neal Ford 是 Thoughtworks 的董事、軟體架構師和備忘錄整理者，這是一間專注於端到端軟體開發和交付的全球 IT 諮詢公司。在加入 Thoughtworks 之前，Neal 是全國知名的培訓和開發公司 DSW Group Ltd. 的首席技術長。

Neal 具有 Georgia 州立大學的計算機科學學位，主修程式語言和編譯器，輔修數學，專攻統計分析。他也是應用程式、教學材料、雜誌文章和視訊短片的設計者和開發者。此外，不包括對這本書的貢獻，他是 9 本書的作者，而且還在增加中。他的主要諮詢重點是大型企業應用程式設計和建構。Neal 是一位享譽國際的演講者，15 年多在全球超過 1,000 場開發者會議上發表過演講。如果你對 Neal 有無法滿足的好奇心，可以訪問他的網站 nealford.com；他歡迎透過 *nford@thoughtworks.com* 的回饋。

Andrew Harmel-Law 是 Thoughtworks 一位高度熱情、有主動性和負責任的技術負責人。Andrew 專攻 Java/JVM 技術、敏捷交付、建構工具和自動化、以及領域驅動設計。他在軟體開發生命週期，以及包括政府、銀行和電子商務等的許多領域都有豐富的經驗。激勵他的是大型軟體解決方案的生產，滿足複雜的客戶需求。他了解要達成這個目標，人員、工具、架構和流程都扮演著關鍵的角色。Andrew 喜歡盡可能地分享他的經驗，這種分享不只體現在他正式的諮詢活動中，也體現在透過非正式的指導、部落格貼文、會議（演講和組織）和他程式碼的開源中。你可以經由 Twitter（@al94781）和他聯繫，他喜歡在 Twitter 上談論所有軟體和漫畫的事。

Michael Keeling 是 Kiavi 的軟體工程師，也是《*Design It! From Programmer to Software Architect*》的作者。在加入 Kiavi 之前，他曾在 IBM 的 Watson Discovery Service 工作，並具有包括服務導向的架構、企業搜尋系統，甚至是戰鬥系統等各種軟體系統的經驗。Michael 是一位屢獲殊榮的演講者，並經常參加架構和敏捷社群。他擁有 Carnegie Mellon 大學軟體工程碩士學位和 William and Mary 學院的計算機科學學士學位。他目前研究的興趣包括軟體設計方法、模式和軟體工程的人為因素。你可以透過 Twitter（@michaelkeeling）或他的網站 *https://www.neverletdown.net* 和他聯繫。

Carola Lilienthal 博士是 WPS（工作場所解決方案）的資深軟體架構師和常務董事，喜歡設計結構良好、壽命長的軟體系統。自 2003 年起，她和她的團隊一直用領域驅動設計（DDD）實現這個目標。DDD 和可持續軟體架構是她在包括 O'Reilly 軟體架構會議等許多會議上演講的主題。她將她的經驗濃縮在自己的著作《*Sustainable Software Architecture*》（Rocky Nook, 2019）和她翻譯成德語的 Vaughn Vernon 所著《*Domain-Driven Design Distilled*》（Addison-Wesley, 2016）的書中。

João Rosa 實際上是一名軟體工程師，目前在荷蘭一間全球諮詢公司 Xebia 工作，他是首席顧問，專注於社會技術系統。作為他諮詢業務的一部分，他擔任執行者和資深經理的策略技術顧問，並擔任像是 CTO 或 CPTO 等臨時職位。他喜歡分享知識並主持 *Software Crafts Podcast*（*https://oreil.ly/3BPYl*），在那裡他採訪來自軟體行業的人，從啟發式或模式開始。和他的好朋友 Kenny Baas-Schwegler（@kenny_baas）共同策劃了《*Visual Collaboration Tools*》一書，書中收集了來自世界各地從業者的現場故事。這本書的收入用於促進包容性和多樣性的科技倡議（*https://oreil.ly/PkqWZ*）。João 也是一位公共演講者和培訓師，你可以在他的網站（*https://joaorosa.io*）上找到更多資訊。

Alexander von Zitzewitz 是強大的靜態程式碼分析器 Sonargraph （*https://oreil.ly/apldy*）背後公司 hello2morrow 的共同創辦人兼董事。他也是著名的會議演講者、培訓師和顧問，專注於軟體架構和軟體指標。Alexander 從 1980 年代開始，一直在撰寫軟體或管理開發團隊。他認為遵循一些關於架構和指標的規則可以明顯地改善任何軟體專案的結果。最近，他開發了一些檢測結構軟體初期階段衰減的新軟體指標（*https://oreil.ly/QACxH*）。Alexander 於 2008 年從德國移居美國，嗜好包括徒步旅行、策略遊戲和爵士音樂，他具有德國 Technische 工業大學的計算機科學學位。

Rene Weiss 是 Finabro 的首席技術長。在過去的 13 年多，他一直在各種環境和行業中支持敏捷軟體開發的嘗試，擔任的角色包括軟體開發人員、軟體架構師、專案經理、Scrum Master（指導教練）、產品負責人和軟體開發負責人。他是軟體架構研討會的培訓師，也指導各種不同軟體架構主題的團隊。當 Rene 不為客戶工作時，他撰寫並演講關於（演進的）軟體架構以及如何用適應度函數演進架構。他是包括 O'Reilly 軟體架構會議等許多國際會議的演講者。

Eoin Woods 是 Endava 的首席技術長，負責指導技術策略、監督能力開發並指導在新興技術上的投資。Eoin 是研究和工業界廣泛出版物的作者，也是《*Software Systems Architecture*》（Addison-Wesley, 2011）和《*Continuous Architecture in Practice*》（Addison-Wesley, 2021）等書的共同作者。2018 年，Carnegie Mellon 大學軟體工程學院授予他 Linda Northrup 軟體架構獎。他經常在研討會中演講，而且是倫敦軟體工程社群的活躍成員。他主要的技術興趣是軟體架構、DevOps、軟體安全和軟體能量效率。

出版記事

本書封面上的動物是山地樹鼩（*Tupaia Montana*），也被稱為樹鼩。這些樹鼩在 Borneo 島的原生山林中數量眾多，但在其他地方沒發現過。

山地樹鼩以社會群體的方式生活，可能由兩個雄性主導。牠們以像是蜘蛛和甲殼類動物等節肢動物以及水果為食物。IUCN 發現山地樹鼩的數量在 2016 年保持穩定，並評定牠為暫無危險的物種；O'Reilly 書籍封面上的許多動物都面臨瀕臨絕種的危機，牠們都是這個世界重要的一份子。

封面圖片是 Karen Montgomery 依據 *Le Jardin Des Plantes* 仿古線雕刻創作的插圖。

軟體架構指標｜改善架構品質的案例研究

作　　者：Christian Ciceri 等
譯　　者：劉超群
企劃編輯：蔡彤孟
文字編輯：王雅雯
設計裝幀：陶相騰
發 行 人：廖文良

發 行 所：碁峰資訊股份有限公司
地　　址：台北市南港區三重路 66 號 7 樓之 6
電　　話：(02)2788-2408
傳　　真：(02)8192-4433
網　　站：www.gotop.com.tw
書　　號：A708
版　　次：2022 年 11 月初版
建議售價：NT$580

國家圖書館出版品預行編目資料

軟體架構指標：改善架構品質的案例研究 / Christian Ciceri 等原著；劉超群譯. -- 初版. -- 臺北市：碁峰資訊, 2022.11
面；　公分
譯自：Software Architecture Metrics
ISBN 978-626-324-358-3(平裝)
1.CST：軟體研發　2.CST：電腦程式設計
312.2　　111017719

讀者服務

- 感謝您購買碁峰圖書，如果您對本書的內容或表達上有不清楚的地方或其他建議，請至碁峰網站：「聯絡我們」\「圖書問題」留下您所購買之書籍及問題。（請註明購買書籍之書號及書名，以及問題頁數，以便能儘快為您處理）
  http://www.gotop.com.tw
- 售後服務僅限書籍本身內容，若是軟、硬體問題，請您直接與軟體廠商聯絡。
- 若於購買書籍後發現有破損、缺頁、裝訂錯誤之問題，請直接將書寄回更換，並註明您的姓名、連絡電話及地址，將有專人與您連絡補寄商品。